Cosplay

Cosplay

Cosplay

Coser 必看の

手作服╳道具製作術 2

華麗進階款

Contents

Step1　試著動手作衣服吧！

Step2 令人想嘗試使用的布料

Step3 令人想嘗試使用的工具‧材料＆小技巧

Step4 細節再現的方法

縫紉基本功　　》P.62

封面‧目錄‧插畫／ゆあ

試著動手作衣服吧！

以下會將方便應用於Cos服上的基本單品，分類成女子衣物、男子衣物、日式衣物、配件等細項，再分別進行詳細的介紹。尺寸上則為女性用S至LL及F尺寸。

～ Girls ～

★

女僕裝
Maid dress

上衣與洋裝一體成型的設計。裙身呈360度以上，因此只要在內側加上蓬裙便會向外鼓起，呈現出可愛的線條。胸口與袖口布處則以棉質蕾絲修飾。

SIDE

BACK

Design	おさかなまんぼう
How to make ≫≫≫	P.67
蕾絲提供	Hamanaka

附領洋裝
Collar dress

前開式洋裝，設計了有領台的領子，且為反摺式袖口布。非常推薦本身具少女氣質的你，將此件洋裝當作私服穿著。由肩線向下的公主線設計可以展現寬襬的風格。

SIDE

BACK

Design	おさかなまんぼう
How to make »»»	P.69
布料提供	清原（碎花布）
緞帶提供	Hamanaka

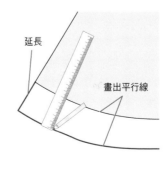

Arrange
調整長度的方法

延長

畫出平行線

若想增加洋裝的長度，可直接延長脇邊線，再以尺測出長度以拉出平行於裙襬線的新裙襬線。

襯衫（基本）
Blouse

有領台的襯衫。因胸口及腰部有褶子設計，所以剪裁較合身。袖口布部分加上打褶以方便動作。此款襯衫也非常適合搭配學生制服。

Design 岡本伊代

How to make >>>> P.11

布料提供 大塚屋

立領襯衫
Stand-up collar blouse

袖山及袖口布有細褶的長袖立領燈籠袖襯衫。特意於袖下部分添加布料，因此看起來雖然纖細，但依舊可以確保活動的方便性。

Design 岡本伊代

How to make >>>> P.71

水手領襯衫
Sailor collar blouse

將基本襯衫改成水手領與公主袖的蘿莉風襯衫。將此襯衫的下襬加長後,接上剪接裙片,便可製作成洋裝款式。

Design	岡本伊代
How to make »»»	P.73
布料提供	有輪商店(碎花布)

搭配組合3・4・5襯衫紙型

自由變換衣領&袖子

P.6、P.7中介紹的襯衫皆可自由搭配組合衣領和袖子的紙型,因此還可以再變化出6款襯衫。

馬甲胸衣
Bustier

以拼接方式完成胸衣部分的馬甲。為了使其完全貼合身體形狀，因此必須在側面及縱向拼接的部分加入腰褶與魚骨。須由背後的隱形拉鍊開口穿脫。

Design	岡本伊代
How to make >>>>	P.16
布料提供	オカダヤ新宿本店（參考商品）

皮革短褲
Leather Short pants

股上較淺的低腰短褲，腰線剛好位於腰部上。使用漆皮或合成皮便可營造出硬派風格。漆皮等皮革在縫製上有特殊訣竅，請參考P.46解說後再進行縫製。

Design	岡本伊代
How to make >>>>	P.75

西裝外套
Blazer

適合搭配女子制服的細長形西裝外套。胸前口袋可利用徽章等配件作成校章。此外套最重要的部分即為衣領的接縫方式，請先仔細閱讀製作方法後再進行挑戰。

Design	cosmode
How to make >>>>	P.79
布料提供	CLOTHiC

箱型褶裙
Box pleated skirt

可當成制服或偶像服使用的10褶箱型褶裙。於摺入內側的褶線處車縫固定，便可輕鬆完成洗滌、熨燙與保存。

Design	岡本伊代
How to make >>>>	P.77

緊身衣
Leotard

只須縫合前後身片，是件非常簡單的作品！特意於胯下縫入暗釦以方便穿脫。請試著從上方縫入裙片作出不同的變化款式。

Design	cosmode
How to make >>>>	P.100
布料提供	CLOTHiC

比基尼
Bikini

使用縱橫方向皆具伸縮性的針織布料，縫合時須使用針織布專用針線。胸部部分須縫褶子作出立體感，並於外布與裡布間裝入胸墊。

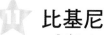

Design	cosmode
How to make >>>>	P.85

※不可在泳池或海邊穿著，請使用於Cosplay上。
　在Cosplay活動上穿著時，須留意作好防止走光措施。

Lesson 1 ☆ 襯衫（基本） >>>> P.6

指導／岡本伊代

☆ 裁布圖

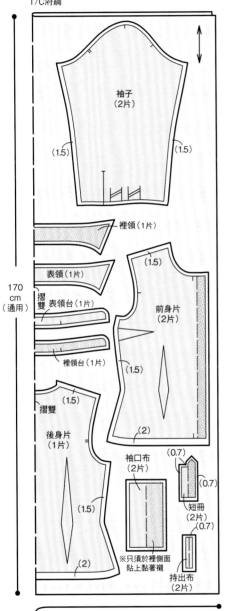

T/C府綢

- 袖子（2片）
- (1.5)　(1.5)
- 裡領（1片）
- (1.5)
- 表領（1片）
- 摺雙　表領台（1片）
- 裡領台（1片）
- 前身片（2片）
- (1.5)
- (1.5)
- 摺雙
- 後身片（1片）
- (1.5)
- (2)
- 袖口布（2片）
- (0.7)
- (0.7)
- 短冊（2片）
- (0.7)
- (2)
- ※只須於裡側面貼上黏著襯
- 持出布（2片）
- 170cm（通用）
- 寬110cm

※（　）內為縫份寬度。除指定處之外，縫份皆為1cm。
※▨▨▨須加貼黏著襯。
※無特別指定的數字單位皆為cm。
※裁布圖為M號尺寸。

《 原寸紙型 》
B面　3-1前身片・3-2後身片・3-3袖子・3-4衣領
3-5領台・3-6袖口布・3-7短冊・3-8持出布

《 完成尺寸 》
完成尺寸
（由左至右為S／M／L／LL）
胸圍：83.5／86.5／89.5／92.5cm
腰圍：63.7／66.7／69.7／72.7cm
衣長：54.5／55.5／56.5／57.5cm
袖丈：55.5／56.5／57.5／58.5cm

《 材料 》
・T/C府綢　寬110cm×長170cm（各尺寸共用）
・黏著襯　30cm×60cm（各尺寸通用）
・直徑1.8cm鈕釦6個（前襟用）
・直徑1.2cm鈕釦4個（袖口布用）

☆ 製作順序

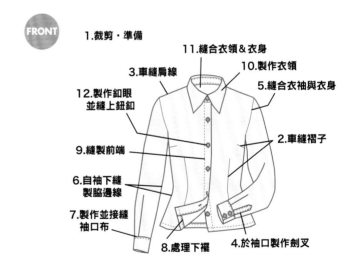

FRONT

1.裁剪・準備
11.縫合衣領＆衣身
3.車縫肩線
10.製作衣領
12.製作釦眼並縫上鈕釦
5.縫合衣袖與衣身
9.縫製前端
2.車縫褶子
6.自袖下縫製脇邊線
7.製作並接縫袖口布
8.處理下襬
4.於袖口製作劍叉

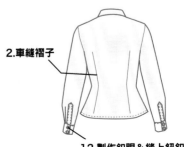

BACK

2.車縫褶子

12.製作釦眼＆縫上鈕釦

※基本縫製方法請參照P.62解說。
※本書使用「SOLEIL80（brother販售）」縫紉機，並依此進行說明。
※為方便解說，範例中各部位皆使用不同顏色布料與顏色縫線縫製。

1. 裁剪・準備

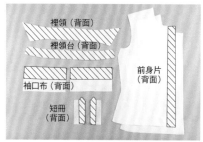

裡領、裡領台、袖口布、前身片的前襟部分，以及短冊背面皆須貼上黏著襯。

2. 車縫褶子

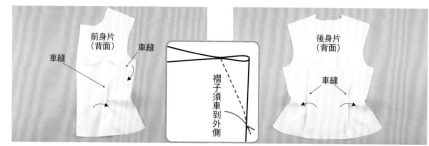

1 前身片的褶子須以正面相對的方式進行縫合。尾端須車到外側、不須進行回針縫。線頭留長，打結後再剪去多餘的縫線。胸褶須倒向下側，腰褶則須倒向脇側。

2 以步驟1相同的方式車縫後身片的褶子。褶子須倒向脇側。

3. 車縫肩線

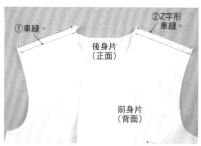

前後身片正面相對以縫製肩線。以Z字形車縫同時縫合2片縫份，縫份須倒向後身片側。

4. 於袖口製作劍叉

※以左袖進行說明。於右袖上製作劍叉時，持出布與短冊須左右顛倒縫製。

1 縱向對摺持出布。

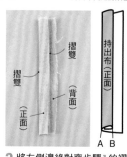

2 將左側邊緣對齊步驟1的摺線（A）並再次對摺。

3 疊上右側布條蓋住步驟2，以作成四褶形式。

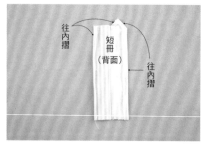

4 短冊縫份向內摺。

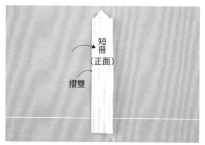

5 以背面相對的方式沿著摺線對摺短冊。

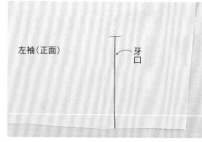

6 於袖子的劍叉位置上剪入牙口。

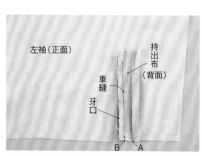

7 將持出布邊緣對齊於袖子牙口右側，並車縫B摺線。

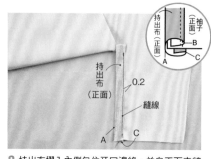

8 持出布摺入內側包住牙口邊緣，並自正面車縫裝飾線。

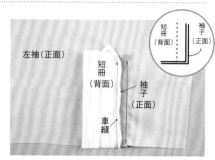

9 短冊上的摺線與劍叉位置正面相對，以車縫摺線。

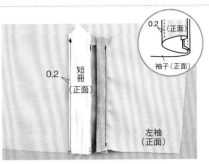

10 短冊背面相對，於褶線上進行車縫。

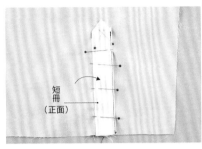

11 反摺短冊蓋住持出布並以珠針固定。

12 沿著箭頭方向車縫。以相同的方式完成右袖上的短冊。

5. 縫合衣袖與衣身

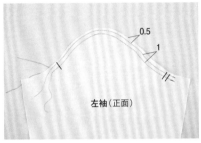

1 衣袖上兩記號間車縫2條粗針目縫線（參照P.66）。

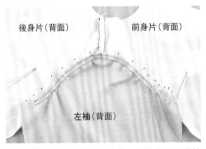

2 同時抽拉粗針目縫線的上線，須注意不可使袖山產生皺褶。與衣身正面相對，並以珠針固定。須均等縮縫！

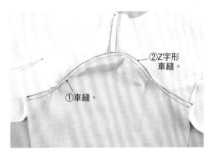

3 縫合衣袖與衣身。抽去粗針目縫線。同時以Z字形車縫處理2片縫份，縫份須倒向衣袖側。以相同方式縫合右袖與衣身。

6. 自袖下縫製脇邊線

7. 製作並接縫袖口布

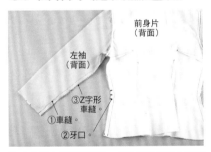

1 衣身與衣袖正面相對，自袖下依序縫合脇邊線。腰部縫份須剪入牙口。以Z字形車縫同時處理2片縫份，並使其倒向後身側。

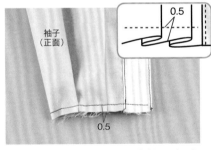

1 摺出衣袖的打褶線，並於縫份上暫作固定。打褶處須自袖山高處（由正面看）摺向低處。

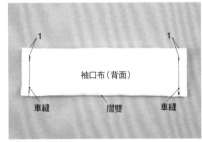

2 袖口布正面相對並車縫兩側至記號處。與衣袖進行縫合側的縫份不須車縫。

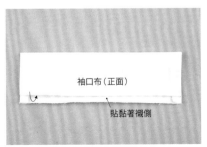

3 將袖口布翻至正面，以錐子整理邊角形狀。沒有黏貼黏著襯的縫份須摺入內側。

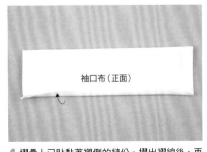

4 摺疊上已貼黏著襯側的縫份。摺出褶線後，再將步驟3、4的縫份恢復原狀。

5 步驟3的褶線與衣袖完成線正面相對，以進行縫合。

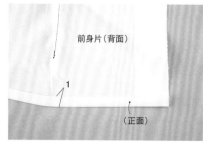

6 袖口布往下翻，將衣袖縫份與袖口布縫份摺入
內側，再自衣袖正面車縫。

8. 處理下襬

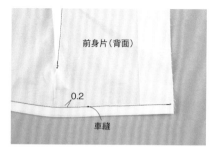

1 下襬依1cm寬度三摺邊（參照P.66）。

2 車縫褶線邊緣。

9. 縫製前端

1 前端縫份1cm，依2.5cm寬度三摺邊。

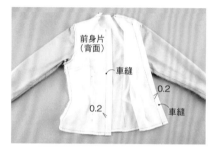

2 車縫褶線邊緣。

10. 製作衣領

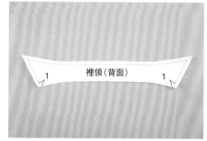

1 表領與裡領正面相對並縫合。下側縫份不須進
行縫合。

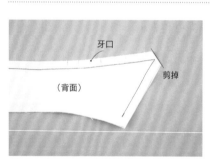

2 剪去兩端領角，並於上方弧線部分剪入牙
口。

3 將衣領翻回正面。以錐子推出領尖尖角並加以
整理。

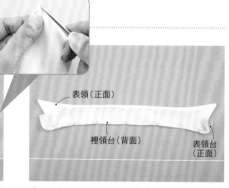

4 表、裡領台正面相對，將步驟3的衣領夾於中
間並以珠針固定。此時裡領會貼齊於表領台，
表領則與裡領台貼齊。

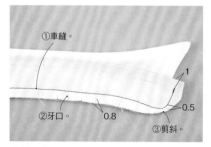

5 縫合衣領與領台至記號點，下側縫份不須縫
合。下側剪入牙口，圓角處縫份則剪斜。

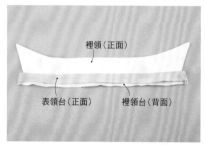

6 將領台翻回正面，表領台的縫份摺入內側。

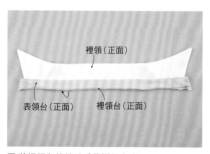

7 將裡領台的縫份重疊摺於上方。

11. 縫合衣領與衣身

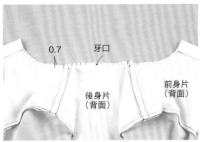

1 衣身領口縫份剪入牙口。

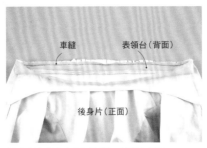

2 表領台與衣身正面相對，以縫合領口。

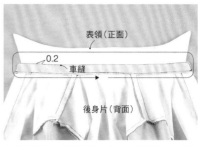

3 立起領台，接著將領台與衣身縫份摺入內側並沿著周圍車縫。

12. 製作釦眼並縫上鈕釦

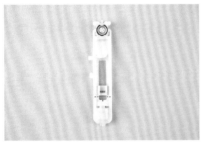

1 縫紉機壓布腳換成開釦眼壓布腳以車縫釦眼。縫紉機須設定至縫釦眼功能。

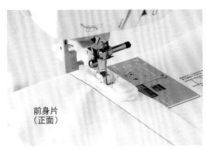

2 確認中心位置後再依序降下車針與壓布腳以車縫釦眼。事先以碎布進行試縫以確認中心位置會較為安心。

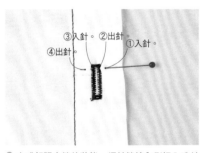

3 完成釦眼車縫的狀態。須於縫線內側插入珠針以作為止點。

4 以拆線器割開前身片的布料以作出釦眼，注意不可切到縫線。

5 釦眼完成！

6 領台處的釦眼須製成橫向。

7 袖口布部分的釦眼須開於短冊側。

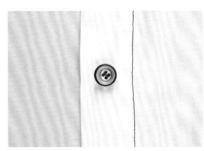

8 於指定位置縫上鈕釦。
※鈕釦接縫方式請參考P.65解說。

完成！

⑥ 馬甲胸衣 ≫≫ P.8

指導／岡本伊代

★ 裁布圖

彈性提花布（表布）・帆布／米白（裡布）

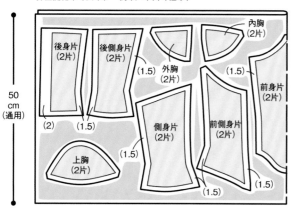

後身片
（2片）

後側身片
（2片）

（1.5）

外胸
（2片）

（1.5）

內胸
（2片）

前身片
（2片）

50
cm
（通用）

（2）　（1.5）

（1.5）

側身片
（2片）

前側身片
（2片）

上胸
（2片）

（1.5）

（1.5）

（1.5）

寬110cm

※（ ）內為縫份寬度。除指定處之外，縫份皆為1cm。
※表布與裡布的裁法相同。
※無特別指定的數字單位皆為cm。
※裁布圖為M號尺寸。

《 原寸紙型 》

C面　7-1 前身片・7-2 前側身片・7-3 側身片・7-4 後身
片・7-5 後側身片・7-6 上胸・7-7 內胸・7-8 外胸

《 完成尺寸 》

完成尺寸
（由左至右為S／M／L／LL）

胸圍：83／86／89／92cm
腰圍：58.6／61.6／64.8／69.4cm
衣長：25.8／26.8／27.8／28.8cm（前中心至下襬）

《 材料 》

・彈性提花布（表布）寬110cm×長50cm（各尺寸通用）
・帆布／米白（裡布）寬110cm×長50cm（各尺寸通用）
・滾邊條　250cm
・開式隱形拉鍊　60cm×1條
・魚骨　180cm
・鉤釦　1組

※為了防止彈性提花布拉伸，須
在內側縫入帆布裡襯補強。若表
布使用較具延展性的布料則不須
縫製裡襯。
※若想自行製作出芽滾邊條，
須另外準備350cm的斜紋布條及
350cm的棉繩。

★ 製作順序

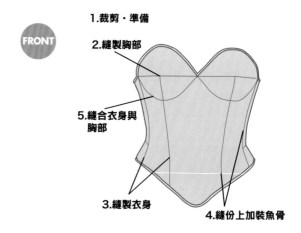

FRONT

1.裁剪・準備

2.縫製胸部

5.縫合衣身與
胸部

3.縫製衣身

4.縫份上加裝魚骨

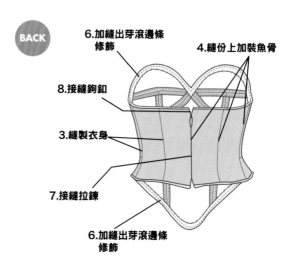

BACK

6.加縫出芽滾邊條
修飾

4.縫份上加裝魚骨

8.接縫鉤釦

3.縫製衣身

7.接縫拉鍊

6.加縫出芽滾邊條
修飾

※縫製基本方法請參照P.62解說。
※本書使用SOLEIL80（brother販售）縫紉機，並依此進行說明。
※為了方便解說，範例中使用與作品不同顏色布料進行製作。

1. 裁剪・準備

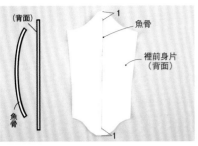

1 將魚骨疊放於裡前身片的前中心，並車縫魚骨的中央部分。車縫時，魚骨須在腰部向內鼓起以構成圓弧狀。
※魚骨請參照P.51介紹。

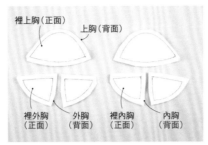

2 上胸、外胸、內胸的表布與裡布背面相對，並沿完成線縫合。

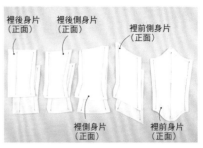

3 後身片、後側身片、側身片、前側身片、前身片的表布與裡布背面相對，並車縫兩側的完成線。除前身片之外，其餘部位皆各須製作2組。

4 為了避免在縫合前側身片、側身片、後身片、後側身片的腰部時產生皺縮，須事先於縫份上剪入牙口。

5 車縫側身片的腰褶。縫份倒向下側。

6 以Z字形車縫縫合前身片、前側身片、側身片、後身片、後側身片的兩側。

2. 縫製胸部

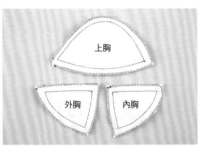

7 外胸與內胸正面相對縫合，完成後燙開縫份。

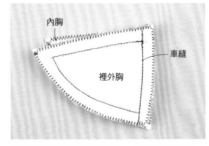

1 外胸與內胸正面相對縫合，完成後燙開縫份。

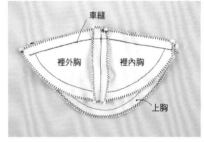

2 上胸與外、內胸部位正面相對並縫合，並燙開縫份。

3. 縫製衣身

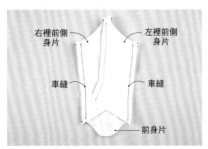

1 前身片與前側身片正面相對以進行縫合。完成後再以熨斗燙開縫份。

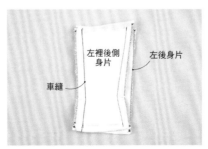

2 後身片與後側身片正面相對並縫合，完成後也須燙開縫份。以相同方式縫合右側部位。

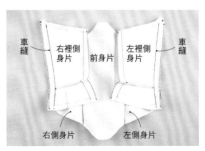

3 前側身片與側身片正面相對並縫合，同樣須燙開縫份。

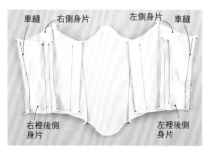

4 側身片與後側身片正面相對並縫合，完成後，須燙開縫份。

5 於衣身接胸位置的縫份上剪入牙口。

6 衣身接胸位置縫份須進行Z字形車縫。

4. 縫份上加裝魚骨

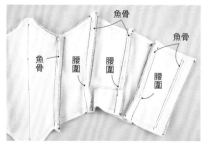

魚骨方向

在裡布縫份上疊縫魚骨時，須按照魚骨中心鼓起的方向縫合。

於縫份其中一側縫上魚骨。後身片的脇側與側身片、前側身片的魚骨須自上方完成線縫至腰部。前身片與前側身片、後身片中心的魚骨須自上方完成線縫至下方完成線。

5. 縫合衣身與胸部

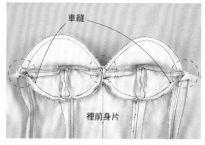

衣身與胸部部位正面相對以縫合。縫份以熨斗燙開。前身片中心與胸部兩側重疊的多餘縫份須適當地修剪整理，以避免穿著時不適。

6. 加縫出芽滾邊條修飾

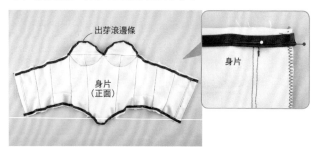

1 出芽滾邊條縫線與上下兩側的完成線正面相對，並以珠針固定。

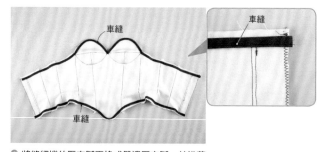

2 將縫紉機的壓布腳更換成單邊壓布腳，並沿著出芽滾邊條縫線重疊車縫。

以斜紋布條製作出芽滾邊條的方法

若市售出芽滾邊條無理想的顏色時，可自己動手製作！

※斜紋布條的製作方法請參照P.60解說。

1 於斜紋布條內夾入棉繩。

2 疊合斜紋布條的縫份。此時須稍微錯開縫份位置，並以珠針固定。

3 將縫紉機壓布腳換成單邊壓布腳以車縫棉繩側邊。

4 出芽滾邊條完成！

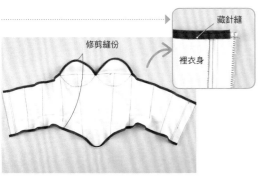

3 修剪主體縫份使其與出芽滾邊條邊緣切齊。接著將出芽滾邊條與縫份翻至背面並與裡布進行藏針縫。
※若不介意縫線露於表側也可使用縫紉機車縫固定。

7. 接縫拉鍊

※若無開式隱形拉鍊,
可參考P.58說明改裝開式拉鍊。

1 後身片正面相對,並於後身片中心車縫粗針目縫線(參照P.66)。

2 燙開縫份。

3 將隱形拉鍊的下端對齊下襬(拉鍊為閉合狀態),並以珠針固定縫份使拉鍊中心重疊於後身片中心。

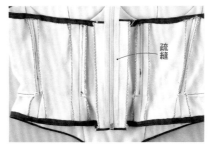

4 於縫份上縫入疏縫線以固定拉鍊布帶。須注意疏縫線不可縫至表側,只須縫於縫份上固定即可。

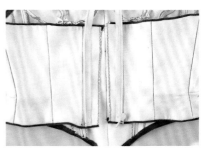

5 拆掉後身片中央的粗針目車縫線並打開拉鍊。

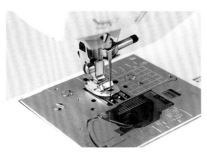

6 將縫紉機壓布腳換成隱形拉鍊壓布腳,調回一般縫線設定。

7 將鏈齒部分放入溝槽中,並自上端進入布內約1㎝再開始縫合鏈齒側邊與後身片縫份。

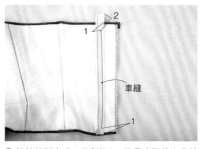

8 拉鍊縫製完成!保留約2㎝的長度再剪去多餘的拉鍊。縫合拉鍊布帶與縫份,以免布帶向上翻起。以相同方式縫製對側拉鍊。

9 將預留的拉鍊向內摺並車縫至縫份上固定。

8. 接縫鉤釦

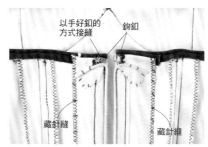

摺疊後中心縫份並以藏針縫方式與裡布縫合。接著裝上鉤釦,須注意鉤釦不可露出至後中心外。
※請參照暗釦接縫方法(P.65)。

完成!

 拿破崙領外套
Napoleon collar coat

上領為向上立起再往下返摺式的拿破崙領。只須於領台處貼上硬質黏著襯或重疊兩片布料，便可漂亮地撐起衣領。肩章須藉由穿過兩肩上的環繩固定。

Allange

改成流蘇式肩章！建議可以運用在製作軍服上。

Design	留衣工房
How to make >>>	P.25
布料‧流蘇提供	オカダヤ新宿本店

立領外套
Stand-up collar coat

將P.20外套的下襬加長,並改為立領即可。內部加上墊肩,整體造型筆挺合身。後身片下襬開叉,行動方便。製作方法也有皮帶教作喔!

SIDE

BACK

Design	留衣工房
How to make >>>	P.86
布料提供	オカダヤ新宿本店

Cummer西式小背心
Cummervest

男侍用挖背背心,亦稱為Backless vest。後方繞領帶則可藉由魔鬼氈進行調整。

SIDE

BACK

Design	留衣工房
How to make >>>	P.84
布料提供	キャラヌノ

男用襯衫(短袖)
Short sleeve shirt

可當作學生夏季制服的附領台短袖襯衫。肩章須在縫合衣袖與衣身時一起縫入。後身片肩部加上褶子即可作出立體感。

Design	留衣工房
How to make >>>>	P.88
布料提供	ユザワヤ

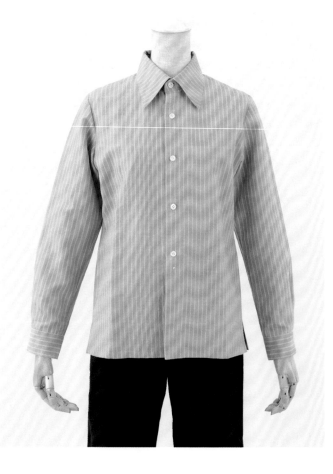

長袖襯衫
Shirt

將上圖的短袖襯衫改造成長袖款式。袖口布處須以劍叉作出開口再縫上袖口布。特意只縫上5組鈕釦並於兩側開叉,以便在紮入褲腰後能自由活動。

Design	留衣工房
How to make >>>>	P.90
布料提供	清原

運動服（上）
Training wear

以運動或體育社團為題材的作品中，當然少不了運動服！使用針織布料製作，再於袖口布及下襬縫上羅紋布即可。家庭用縫紉機亦可車縫針織布，因此可安心製作！

運動服（下）
Training pants

兩側有口袋，可在拍攝時作出手插口袋的姿勢，同時也便於在口袋中放入少許的物品。下襬採前短後長的靴型剪裁，可搭配厚底運動鞋。

Design	留衣工房
How to make	運動服（上）P.91／（下）P.82
布料提供	オカダヤ新宿本店

開襟外套
Cardigan

略為改造P.23運動服（上）的款式，便可作成開襟外套。另外，
只要使用繩紋的針織布料，便可營造出鉤織的氛圍。也可以使用
自己喜愛的布料製作！

Design 留衣工房
How to make >>> P.94
布料提供 ねこの隠れ家

Lesson 3 拿破崙領外套 >>>> P.20

指導／留衣工房

裁布圖

化纖斜紋布

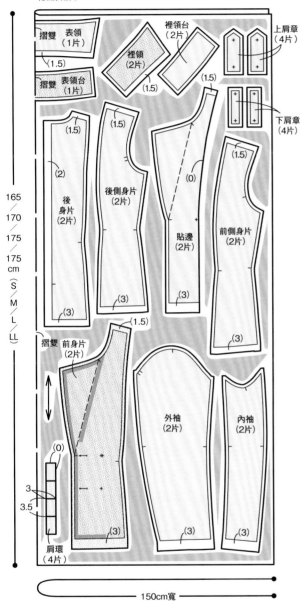

摺雙 表領（1片）
（1.5）
表領台（1片）
摺雙
裡領台（2片）
裡領（2片）
（1.5）
（1.5）
上肩章（4片）
下肩章（4片）
（1.5）

165 / 170 / 175 / 175 cm
（S / M / L / LL）

（2）
後身片（2片）
後側身片（2片）
（1.5）
貼邊（2片）
前側身片（2片）
（1.5）
（0）
（3）
（3）
（3）
（3）

摺雙 前身片（2片）
（1.5）
外袖（2片）
內袖（2片）
（0）
（3）
（3）
（3）

3
3.5
肩環（4片）

← 150cm寬 →

※（　）內為縫份寬度。除指定處之外，縫份皆為1cm。
※░░░ 須加貼黏著襯。
※▬ 須加貼止伸襯布條。
※無特別指定的數字單位皆為cm。
※裁布圖為M號尺寸。

《原寸紙型》

D面　12-1 前身片・12-2 前側身片・12-3 後身片・12-4 後側身片・
12-5 外袖・12-6 內袖・12-7 表領・12-8 裡領・12-9 表裡領台・
12-10 貼邊・12-11 上肩章・12-12 下肩章

《完成尺寸》

胸圍：93.8／96.8／99.8／102.8cm
腰圍：76.5／79.5／82.5／85.5cm
衣長：63／64.5／65.7／67cm
袖長：58／59／60／61cm

《材料》

・化纖斜紋布　150cm寬×165／170／175／175cm
・黏著襯　110cm寬×70cm（各尺寸通用）
・1.2cm寬止伸襯布條　105cm
・直徑2cm鈕釦　6個
・直徑1cm暗釦　5組
・墊肩　1組
〜流蘇肩章〜
・金蔥布　40×20cm
・流蘇　60cm
・軟墊　12×24cm
・暗釦　4組

製作順序

1.裁剪・準備
FRONT
5.製作衣領
6.縫合衣領＆衣身
4.車縫肩線
12.製作肩環
15.加裝墊肩
16.製作肩章
8.製作衣袖並與衣身縫合
11.於前端車縫縫線
3.於前身片上接縫貼邊
7.車縫脇邊線
14.接縫暗釦
13.製作釦眼＆裝上鈕釦
9.處理袖口布
2.縫合衣身＆側身片
10.處理下襬

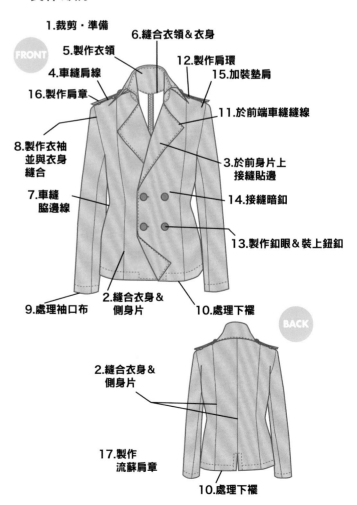

2.縫合衣身＆側身片
BACK
17.製作流蘇肩章
10.處理下襬

Step1 » Boys

※縫製基本方法請參照P.62解說。
※為方便解說，範例中各部位皆使用不同顏色布料與顏色縫線縫製。

1. 裁剪・準備

1 於前身片背面貼上黏著襯。

2 後身片・後側身片・前側身片的兩側與肩線處、前身片的側邊與肩線處、前胸翻領的側邊的縫份，於以上各處縫份進行Z字形車縫。

3 於外・內袖兩側縫份進行Z字形車縫。

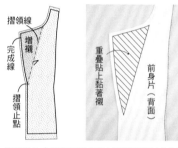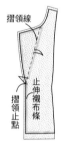

4 於前身片衣領背面再加貼1片黏著襯以作為增襯。

5 於前身片背面貼上止伸襯布條。衣領至下襬間須沿著完成線內側貼上；摺領線側則須往內間隔0.2mm後再貼上止伸襯布條，便可防止受力處被拉伸。

2. 縫合衣身與側身片

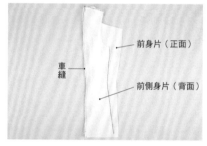

1 前身片與前側身片正面相對並縫合，完成後邊開縫份。

2 後身片與後側身片正面相對並縫合，完成後邊開縫份。

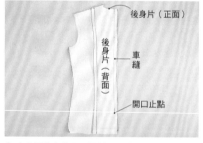

3 左右兩後身片正面相對，並自領圍朝下縫至開口止點以縫合後中心，完成後邊開縫份。

3. 於前身片上接縫貼邊

1 前身片與貼邊正面相對，並依數字排序依序插上珠針固定，接著於其間再次插入珠針固定，此時須注意不可使布料產生縐褶。另外，因特意保留了充分的製作空間，所以貼邊側的部位較大。

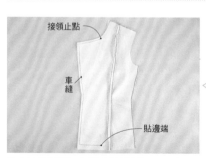

2 自接領止點縫至下襬處的貼邊端，須注意不可使其產生縐褶。接著縫合接領止點至翻領止點的完成線，以及翻領止點至下襬間的完成線外側0.2cm處。

3 剪去領尖縫份。於接領止點剪入牙口並塗上防綻液，牙口須開至縫線邊緣。

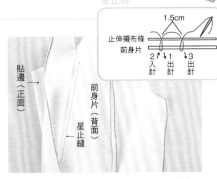

星止縫

1.5cm

止伸襯布條
前身片

2 入針　1 出針　3 出針

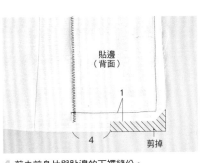

貼邊
（背面）

1

4　剪掉

4　剪去前身片與貼邊的下襬縫份。

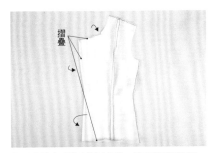

摺疊

5　於縫線處以熨斗燙平縫份，較容易翻至表面。翻領止點以上的縫份往前身片、以下的縫份往翻領側燙平，在外翻時便會形成漂亮的形狀。

貼邊
（正面）

前身片
（背面）

星止縫

6　將貼邊翻至表面，再以星止縫固定摺領線上的止伸襯布條。作業時須挑起一條前身片織線以進行縫合。

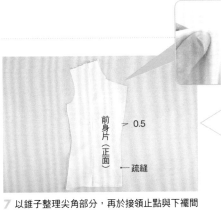

前身片
（正面）

0.5

疏縫

貼邊（正面）

0.2

內縮
0.2

翻領止點

←衣領側　　　下襬側→

7　以錐子整理尖角部分，再於接領止點與下襬間進行疏縫。

接領止點至翻領止點處須將前身片往內縮0.2cm；翻領止點至下襬處則須將貼邊往內縮0.2cm。將部位布料往內縮約0.1至0.2cm，便不會從表面看到縫線。

疏縫

8　自摺領線摺入翻領，並於摺領線外側進行疏縫。

①剪掉。

②疏縫。

前身片（正面）

9　於領圍處進行疏縫並剪去多餘的翻領布料。

4. 車縫肩線

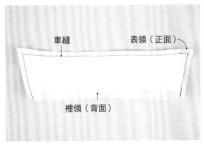

後身片
（正面）

車縫

前側身片
（背面）

前身片與後身片正面相對以車縫肩線，須連同貼邊一併車縫，完成後燙開縫份。

5. 製作衣領

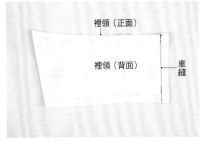

裡領（正面）

裡領（背面）

車縫

1　兩片裡領正面相對並縫合後中心，完成後燙開縫份。

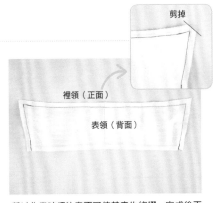

剪掉

裡領（正面）

表領（背面）

裡領（背面）

黏著襯

2　於裡領背面貼上黏著襯。

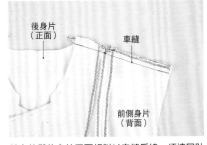

車縫　　表領（正面）

裡領（背面）

3　表領與裡領正面相對縫合。因表領刻意裁得較大片，所以作業時須注意不可使其產生縐褶。完成後再剪去領角縫份。

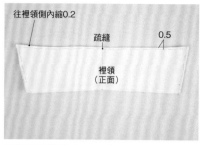

4 往裡領側內縮0.2cm，翻回表面後再沿周邊進行疏縫。

往裡領側內縮0.2
疏縫
0.5
裡領（正面）

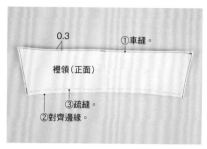

5 沿著周邊自表領側車縫縫線並抽去疏縫線。對齊領台側縫份邊緣並進行疏縫。

0.3
①車縫。
裡領（正面）
②對齊邊緣。
③疏縫。

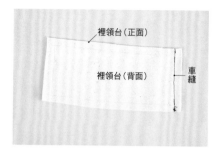

6 兩片裡領台正面相對以縫合後中心。完成後須燙開縫份。

裡領台（正面）
裡領台（背面）
車縫

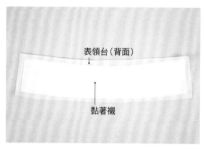

7 於表領台背面貼上黏著襯。領台處須使用厚黏著襯或重疊兩片薄黏著襯。

表領台（背面）
黏著襯

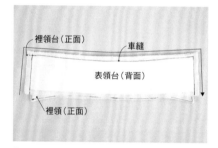

8 裡領與表領台以及表領與裡領台正面相對，並以衣領夾於領台內的狀態縫合。

裡領台（正面）
車縫
表領台（背面）
裡領（正面）

9 領台翻回正面。

表領（正面）
裡領台（正面）

6. 縫合衣領與衣身

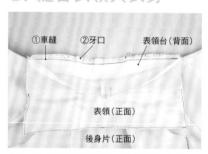

1 表領台與衣身正面相對，並於兩接領止點間縫上衣領。完成後再於縫份處剪入牙口。

①車縫　②牙口　表領台（背面）
表領（正面）
後身片（正面）

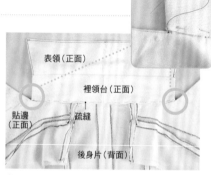

2 立起領台並將裡領台縫份摺入內側，接著進行疏縫以藏起縫線。接領止點須同時將針線來回穿過四片布料數次以作補強。

表領（正面）
裡領台（正面）
貼邊（正面）　疏縫
後身片（背面）

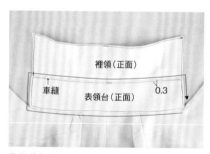

3 沿著領台周邊自表領台側車縫並抽去疏縫線。

裡領（正面）
車縫　表領台（正面）　0.3

7. 車縫側邊

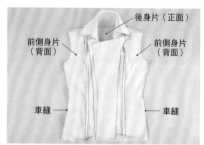

前身片與後身片正面相對以車縫脇邊線，完成後燙開縫份。

後身片（正面）
前側身片（背面）　前側身片（背面）
車縫　車縫

8. 製作衣袖並與衣身縫合

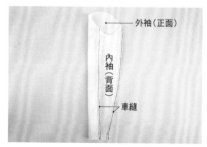

1 內外袖正面相對縫合，完成後燙開縫份。

外袖（正面）
內袖（背面）
車縫

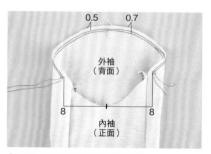

2 於袖山縫份車縫兩條粗針目縫線。

0.5　0.7
外袖（背面）
8　8
內袖（正面）

3 同時拉抽兩條上線，即可作出立體袖形，但須注意不可作出縐褶效果。此手法即稱為縮縫。

4 衣袖與衣身記號正面相對並以珠針固定再進行縫合。此段須重複車縫兩次以作補強。

前側身片（背面）　車縫　袖子（背面）

外袖（正面）

Step1》Boys

9. 處理袖口布

 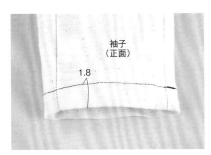

Z字形車縫

袖子（背面）　2

袖子（正面）　1.8

5 兩片縫份同時進行Z字形車縫，並使其倒向衣袖側。

1 將袖口布縫份以1cm、2cm的順序三摺邊。

2 車縫袖口布。

10. 處理下襬

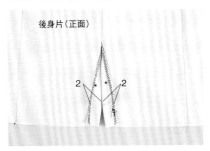 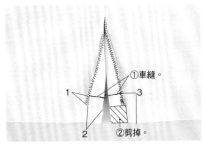 

後身片（正面）　2　2

①車縫。　1　3　2　②剪掉。

後身片（背面）　2　2

1 後身中心下襬以正面相對的方式，自完成線處向外摺。

2 車縫開口處下襬的完成線，剪去多餘的縫份。

3 翻回正面，並將前後身下襬縫份依照1cm、2cm的順序向上三摺邊。

  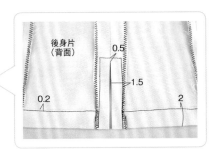

0.5　0.5　車縫

後身片（背面）　0.5　1.5　0.2　2

4 整體下襬三摺邊的狀態。

5 車縫褶線邊緣。

11. 於前端車縫縫線

1 於接領止點至下襬間車縫，使縫線與領台相連。

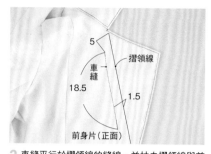

2 車縫平行於摺領線的縫線，並抽去摺領線與前端的疏縫線。

12. 製作肩環

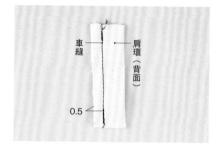

1 肩環正面相對縫合。須燙開縫份。

2 將環繩翻回正面。將縫線調整至中央後燙平。

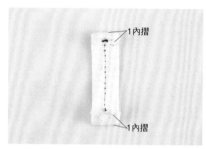

3 縫份向內摺。共須製作4個環繩。

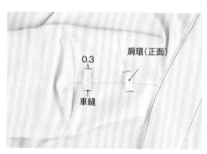

4 將肩環縫至衣身上的肩環接縫位置。

13. 製作釦眼並裝上鈕釦

1 於左前身片的釦眼位置作出釦眼。
※釦眼的製作方法請參考P.15解說。

2 於右前身片的鈕釦接縫位置縫上鈕釦。

14. 接縫暗釦

於暗釦接縫位置縫上暗釦。左貼邊側須接縫凸面暗釦，右前身片須接縫凹面暗釦。
※暗釦接縫方式請參考P.65解說。

15. 加裝墊肩

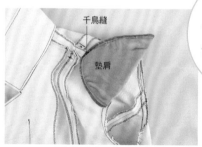

墊肩須突出於袖孔完成線1.2至1.5cm，並於肩部縫份手縫千鳥縫以固定墊肩。袖山縫份也須以手縫固定。

16. 製作肩章

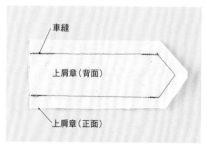

1 兩片上肩章部位正面相對以進行縫合。

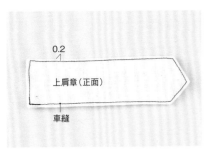

2 翻至正面,縫份摺入內側。沿著周邊車縫。若無法漂亮地翻至正面時,可稍微剪去一些縫份的重疊部分。

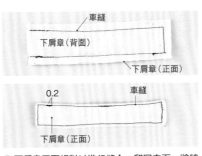

3 下肩章正面相對以進行縫合。翻回表面,將縫份收至內側,並沿著周邊車縫。

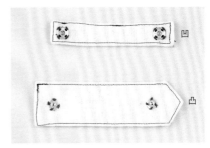

4 將暗釦縫至暗釦接縫位置上。
※暗釦的接縫方法請參考P.65解說。

Step1 》Boys

17. 製作流蘇肩章

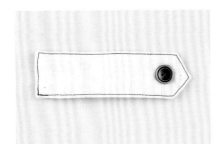

5 於上肩章正面縫上鈕釦。

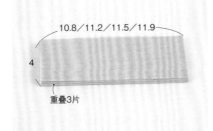

1 重疊三片軟墊並以接著劑貼合以製成主體。

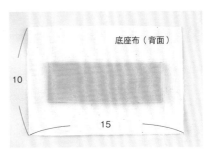

2 將主體置於底座布的正中央。

3 以底座布包裹主體並以藏針縫縫合。

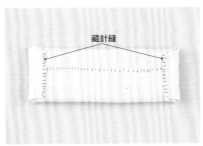

4 返摺兩側邊並以藏針縫固定。

5 沿著三側邊緣縫上流蘇。

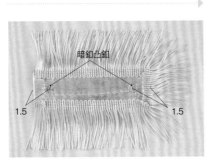

6 縫上暗釦。下肩章請參考16-3製作。

完成!

羽織
Haori

此為男用羽織，袖兜與衣身相連。後方下襬開叉，可
確保插刀後的行動方便。衣袖部分可配合角色自行變
化。

乘馬袴
Umanoribakama

以江戶時代一般男性穿用的袴為參考，製成符合女性
身形的窄版女用乘馬袴。穿著時在腰間纏上毛巾更能
呈現出和服的線條。

Design	宵の星
How to make >>>	羽織P.96／袴P.98
布料提供	布生地專門イワキ

武將甲冑（大袖）
Japanese armor osode

裝於甲冑衣袖上的防禦部位。將軟墊裁成適當的尺寸
後上色，再以穿繩的方式固定。顏色和裝飾部分可配
合角色需求自行變化。

SIDE

BACK

武將甲冑（草摺）
Japanese armor kusazuri

垂於腰間的防禦部位。製作方式大致上與大袖相同，
但背面須加裝魔鬼氈。穿著時只須將裝有魔鬼氈的腰
帶繞於腰間上，並貼合固定即可。

Design　高橋元幸

How to make >>>> P.34

☆ 武將甲冑（大袖） ☆ 武將甲冑（草摺）

專業美術人員
解說
>>>> P.33
指導／高橋元幸

《 原寸紙型 》

大袖…E面20大袖・草摺…E面21草摺

《 完成尺寸 》

大袖…橫26×縱31.5cm
草摺…橫16×縱36.5cm

《 工具 》

量尺・美工刀・
剪刀・錐子・直徑5mm的打孔器
（尺寸須配合使用繩條調整）・
切割墊・毛刷或塗布用滾輪・
鐵鉗或剪鉗（草摺用）

《 材料　由左至右為大袖（2片份）／草摺（6片份）》

· 軟墊（厚5mm）45cm 方形2片／45cm 方形3片
· 塑膠黑繩　50cm×16條／50cm×42條
· 彩色繩（直徑5mm）50cm×8條／50cm×12條
· 窗簾流蘇　2組（大袖用）
· 緞帶（寬3.8cm）30cm×2條／20cm×6條
· 裝飾用餐巾墊　適量
· 圖釘 18個（草摺用）
· 工作用紙　30×10cm（通用）
· 雙面膠（寬15至20mm；須使用地墊用等強力款式）
· 魔鬼氈（寬2.5cm）20cm／硬…4cm×12片、
　10cm×1片；軟…著裝位置的體圍+10cm
· 壓克力繩（寬3.6cm）著裝位置的體圍+10cm
　（草摺用）
· 防綻液

· 黑色壓克力顏料（只要是乾燥後具防水效果的
　塗料即可）
· 透明膠帶或封箱膠帶

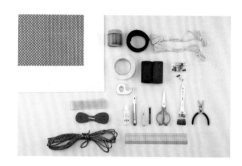

〈大袖〉

1. 製作紙型

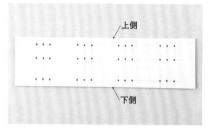

上側

下側

自原寸紙型上描出部位輪廓。可直接複印至工作
用紙上，或將轉描至薄紙上的部位貼至工作用紙
上再使用。於鑿孔位置以錐子鑽出圓孔。

2. 裁切軟墊

按照紙型尺寸以美工刀裁切軟墊。1片大袖須使
用6片軟墊，因此兩側共須裁出12片軟墊。

3. 鑿取穿繩孔

1 重疊3片切好的軟墊，放上紙型，並以錐子標
出鑿孔位置。

2 已標上記號的狀態。

打孔器

3 壓入打孔器並來回轉動，以便在鑿孔位置上
——鑿出圓孔。以量尺輔助作業便可鑿出排列
整齊的圓孔。

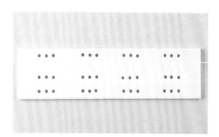

4 已鑿開圓孔的狀態。全部部位皆須鑿開圓孔。

5 邊角部分的顏料容易剝落，因此須先以美工刀
或剪刀裁去邊角。

4. 上色

1 將鑿開圓孔的部位排列整齊，接著以毛刷進行
上色作業（若想一氣呵成，建議使用滾輪）。
作業時須先鋪上報紙以免弄髒四周環境。

❧ Point ❧

呈現金屬質感

混入少許銀色便能呈現出金
屬質感。示範作品中即混有
POSTER COLOR的銀色顏
料。因壓克力顏料為防水性
材質，所以可使用其他種類
塗料的銀色顏料。

打底

直接塗抹顏料會殘留軟墊的質感，若想作較
為逼真的金屬質感可先以廚房用海綿塗上一層
Modeling Paste、Mediums或Gesso等打底素
材。

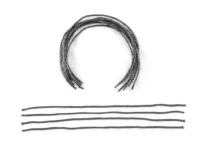

5. 穿繩

1 準備塑膠繩與彩色繩。

2 待表側乾燥後便可接著塗抹側面。可重疊數片拿於手中以毛刷塗抹。背面也須塗抹。

3 6片皆已完成上色作業。穿過塑膠繩後便不會看到圓孔內的白色部分,因此可以不用上色。

透明膠帶

2 於兩端繩頭塗上防綻液。待防綻液乾燥後便可纏上透明膠帶,以方便穿繩。
※若時間較趕可直接纏上膠帶。

⑥ ⑤ ④ ③ ② ①

← 上側　　　　　　　下側 →

3 按照順序將軟墊左右兩側的圓孔相對。

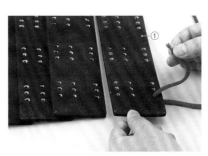

①

4 將繩子自背面穿過①的右側圓孔。

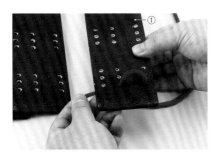

①

5 接著將繩子自正面穿過鄰側的圓孔。

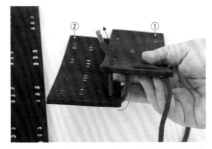

② ①

6 自背面穿過②的右側圓孔後再順勢穿過①的第三個圓孔,如此便能串連①和②兩個部位。

③ ② ①

7 以同樣方式依序串起其餘部位。

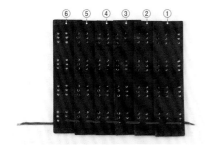

⑥ ⑤ ④ ③ ② ①

8 ①至⑥已完成1排穿繩作業。

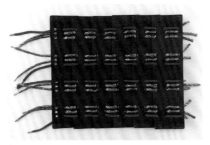

9 以相同方式將其他排圓孔也穿上繩子。

2

10 兩端繩頭各留2cm後便可剪掉多餘的部分。

11 將繩頭彎向中心側並以透明膠帶或封箱膠帶固定。若有會弄濕的可能性，則須以手工藝用接著劑固定。

固定

▶

6. 裝飾

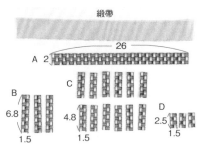

緞帶

26

A 2

C

B
6.8

4.8

D
2.5

1.5

1.5

1.5

1 裁剪裝飾用的緞帶和餐巾墊。

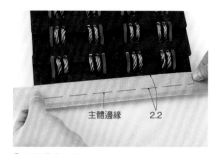

主體邊緣　　2.2

2 於緞帶背面整面貼上布用雙面膠，並貼至主體⑥的邊緣。露於正面的部分約需2.2cm左右。

3 將緞帶沿著側面彎摺並貼於背面固定。須用力壓緊緞帶以作出直角。

4 於緞帶兩端貼上布用雙面膠並向內摺貼合。

5 已貼上緞帶的狀態。

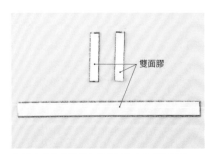

雙面膠

6 於完成裁剪的餐巾墊背面貼上布用雙面膠。

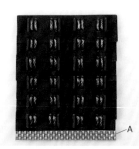

A

7 將A重疊貼於緞帶上。

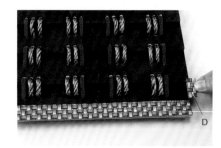

D

8 貼上D。

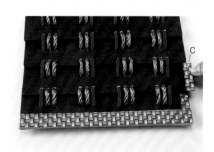

C

9 貼上C。

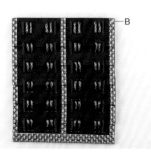

B

10 將B貼於最上方。以相同方式貼上其餘部分的裝飾即可完成。

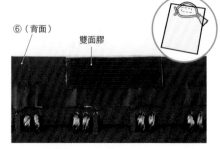

⑥（背面）
雙面膠

11 以雙面膠將10cm寬的魔鬼氈（硬）貼於背面。穿用的衣裝側則須貼上軟魔鬼氈。著裝後再將窗簾流蘇繞過魔鬼氈的上下兩側裝飾即可。

〈草摺〉 ※請參考大袖製作方法1至5作出基本部位。

裝飾

⑤
④
③
②
①
0.7

1 將餐巾墊裁成5片0.7×16cm的長方形，並以布用雙面膠貼於①至⑤的上側邊緣。

1.4
1.5

2 裁出1片1.4×16cm的餐巾墊，並以布用雙面膠貼於最下方部位上，距離底邊1.5cm處。

1.5

3 於緞帶背面貼上布用雙面膠以黏至主體上。
※貼法請參考大袖6-2至4。

固定圖釘

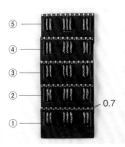

1 將圖釘面蓋漆成自己喜歡的顏色。

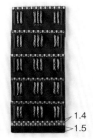

0.5以下

2 以剪鉗將針頭剪至0.5cm以下。

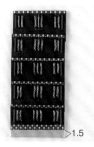

3 於圖釘釘腳上塗抹防綻液。

4 於3繩的中央繩延長線上釘入圖釘。

5 另2組也須釘入圖釘。

接縫魔鬼氈

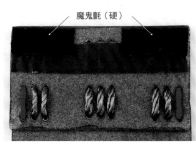

魔鬼氈（硬）

以雙面膠將魔鬼氈（硬）分別貼於背面兩處。

(

製作腰帶

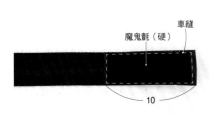

車縫
魔鬼氈（硬）
10

1 將10cm魔鬼氈（硬）縫於壓克力繩的一端。

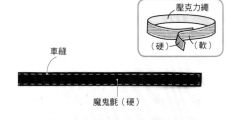

壓克力繩
（硬）（軟）
車縫
魔鬼氈（硬）

2 接著於壓克力繩的反面縫上軟磨鬼氈。

3 將草摺的硬魔鬼氈貼至壓克力繩的軟磨鬼氈上便可進行著裝。

Step 1 《Japanese》

Accessories

女僕圍裙
Maid apron

擁有大量縐褶的蕾絲圍裙。為了作出大蝴蝶結，須在製程中剪接粗緞帶。打結時，蝴蝶結的兩端帶頭須左右對稱。

Design	おさかなまんぼう
How to make >>>>	P.105
蕾絲提供	ハマナカ

女僕髮箍
Maid katyusha

於長方形的布料上夾入抓縐蕾絲後縫合，再接縫至市售的髮箍上便可輕鬆完成。兩側須先縫上綁髮緞帶後再打成蝴蝶結。

內搭褲
Tights

請使用縱橫兩方向皆具伸縮性的針織布及針織用線製作。可按照個人喜好加入花紋或變換顏色。

膝上襪
Knee-high socks

可使用於裝扮學生、女僕……等多種角色。若希望作成完全符合自己腿形的膝上襪，可先進行假縫試穿以調整縫份寬度，待確定後再正式縫合即可。

Design	cosmode
How to make	
》》》 內搭褲P.91・膝上襪P.101	
布料提供	CLOTHiC

39

軍帽
Military cap

為了作出硬挺的造型，帽緣處須加裝經常用作背包底板的PE材質底板。製作時，須加大頭圍部分以便戴於假髮上。

Design	おさかなまんぼう
How to make >>>>	P.104

領帶
Necktie

直接縫製成領帶形狀，因此不知道領結打法的 Coser 也可輕鬆著裝。使用鬆緊帶製作頸部固定繩，以方便調整長度。

Design	留衣工房
How to make >>>>	P.101
布料提供	キャラヌノ

貓耳圍巾帽
Muffler with a hood of cat ears

延伸帽子兩側以作成圍巾。兩端裡側加裝口袋，可當作手套。因為可以看到圍巾帽的裡側，所以裡側請使用有可愛花紋的布料製作。

熊貓耳圍巾帽
Muffler with a hood of panda ears

兔耳圍巾帽
Muffler with a hood of rabbit ears

熊貓帽使用類似毛巾材質的毛圈布和二重紗製作，吸水性極佳，可代替夏季炎熱時遮陽的帽子。兔耳帽則須在鬆軟的刷毛內縫入可固定形狀用的定型條。

Design	岡本伊代
How to make »»»	貓P.102・熊貓＆兔子P.103
布料提供	貓…藤久・熊貓…オカダヤ新宿本店 （Miracle Pile）・兔子…シュゲール
定型條提供	清原

令人想嘗試使用的布料

製作服裝時，最有趣的部分就是挑選布料；請務必配合服飾的氛圍選擇布料！另外，若能先將針織與毛織等布料的處理方法及縫製訣竅記在腦海中，便能進行得更為順利。

布料的各部位名稱

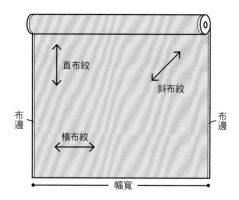

直布紋

斜布紋

布邊

布邊

橫布紋

幅寬

布邊 ………… 織線折返處，布料的兩側。

橫布紋 ……… 與布邊垂直的布紋方向。

直布紋 ……… 與布邊平行的布紋方向，一般稱呼布紋線時指的多為直布紋。

幅寬 ………… 橫布紋方向，布邊與布邊間的長度。

斜布紋 ……… 相對於直布紋來說，有斜度的就稱為斜布紋。與布紋線呈45°的為正斜布紋，不易鬚邊又有彈性，因此常以斜布條來處理布邊。

所需布料尺寸參照表

項目	使用量（幅寬 110cm）
女用襯衫	（衣長+10cm）×2 +（袖長+5cm）+衣領
洋裝	（衣長+10cm）×2 +（袖長+5cm）+衣領
半窄裙	（裙長+10cm）×2
圓裙	（裙長+10cm） ×3～4
褲子	（褲長+10cm）×2
夾克／外套	（衣長+10cm）×2 +（袖長+5）+衣領

使用幅寬110cm布料時的參考數值。
在使用寬幅較窄的布料，或縫入褶子及須對花時，
所需尺寸可能會超出上表，請多加留意！

布&針&線

須配合使用布料的厚度選擇針線。若使用不適合的車針可能會發生折斷的情形，因此可先以布邊進行試縫。

布料厚度	車針粗細 數字愈大愈粗	車線粗細 數字愈大愈細
薄布 薄的沙典·雪紡紗·歐根紗· 喬其紗·精梳棉布等	9號	90號
普通厚度 寬幅密織平紋布·卡其布·沙 典·聚酯纖維斜紋防水布·絲 光卡其軍服布·棉絨等	11號	60號
厚布 丹寧布·人工皮革·毛呢等	14號	30號

車針提供／Clover·車線提供／FUJIX

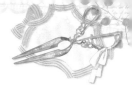

布料種類

布料有相當多的種類，因此建議先了解各類布料的名稱與特徵，以方便挑選符合作品風格的布料。

★ 平織布

平織布泛指以線平行織成的布料。

布料名稱 布料圖片	布料特徵 適合製作的服飾	府綢	織線較密的薄布料。一般稱為 TC 布的則混有聚酯纖維。 襯衫・女用襯衫・裙子
斜紋布	以斜向織紋構成的斜紋布總稱。通常以棉、聚酯纖維、羊毛等素材製成，厚度適中。 夾克・褲子	化纖斜紋布	顯色效果佳且不易起縐的聚酯纖維斜紋布。因其具有適中的延展性與厚度，因此在 Cosplay 中經常用以製作制服。 夾克・褲子・背心・洋裝・外套
棉織斜紋布	以較粗的織線製作而成的棉織布料 耐用結實。質感類似丹寧布，風格上較為休閒。 褲子・夾克・背心・外套・裙子	軋別丁	英文為 Gabardine。聚酯纖維材質的軋別丁顯色效果佳且不容易起縐，厚度上則較斜紋布略薄。 夾克・褲子・背心・洋裝・外套
沙典	以緞紋組織製成的布料，因此表面具有光澤且觸感柔軟。以棉、絲、聚酯纖維等素材製成，有多種厚度。 洋裝・禮服・中式服裝	精梳棉布	薄棉織物，以細線製成且具有如絲般的柔和光澤。原為法國 Laon 地區所製造的布料。 女用襯衫・襯衫・洋裝・裙子
彈性纖維布料	正反面皆成粗糙褶縐感的布料。通常以棉、毛、聚酯纖維等素材製成。 洋裝・襯衫・女用襯衫・裙子・日式服裝	提花布	在織布同時於布面織出花紋，為相當具有厚實感的布料。另外，與提花布具有類似氛圍的布料有錦緞及金襴等。 中式服裝・日式服裝

二重紗	貼合兩片紗布製成的布料。觸感佳、有蓬鬆感。斜布紋方向容易拉伸，因此須注意車縫時須以珠針等於多處固定。	丹寧布	織紋緊密、耐磨耐用的布料，常用於製作牛仔褲。較薄的丹寧布也可輕鬆以家用縫紉機車縫。
	女用襯衫・襯衫・洋裝		褲子・裙子・夾克
歐根紗	質地輕薄且具透視感的平織布料。有棉、聚酯纖維、嫘縈、絲等材質。	網紗	輕薄且具透視感的網紋狀布料。軟質網紗經常用於製作頭紗等裝飾品，硬質網紗則用於製作襯裙。
	禮服		禮服・襯裙

★ **針織布** 泛指以線編成且具伸縮性的布料。

雙面針織布	由正反面兩組羅紋編構成，為表裡布皆具有相同光滑感的布料。布邊不易捲曲。	天竺平針織布	以「天竺編」編織而成的布料。橫向伸縮性佳，布邊易捲曲。
	T恤・開襟外套		T恤・開襟外套・連帽衣
羅紋布	經常用於製作袖口布或下襬的布料，伸縮性高且具凹凸溝槽。也可以 Span Fraise 與 Span Tereko 等代替。	雙向針織布	呈現四層雙羅紋針織布狀態的布料。具有厚度且布邊不易捲曲。
	T恤或運動休閒服的領口・運動服袖口布・下襬		運動服・連帽衣
刷毛布料	使用地線與裡線編織而成。表面為平針織狀、背面為毛圈狀。	電腦提花針織布	以特殊機器編出花紋的針織布料。通常會以凹凸或間隔等手法作出圖樣，或是以不同顏色紡線交織成圖案。
	運動休閒服・連帽衣		開襟外套・連帽衣

含絨毛的素材&合成皮革

特意於表面織出毛圈或仿照皮草製成的人工毛皮等，含絨毛的素材也具有相當多的種類。另外，此處也會針對於底布上塗抹合成樹脂製成的合成皮革加以說明。

棉絨	毛較短的毛織材質。有深度的色調，看起來有華麗感。多為棉質素材。 禮服・洋裝・褲子・夾克	**天鵝絨**	以縱線織出毛圈後再經過修剪，使布表具有柔軟且含光澤的絨毛布料。 禮服・洋裝・夾克
植絨布	厚質布料，藉由噴膠加工使其產生如天鵝絨般的立毛。布緣不會綻線。 禮服	**絲絨**	具有天鵝絨般觸感的毛圈織布。包含將緞紋組織、斜紋組織等織物起毛後的布料，以及藉由剪去毛圈編織物上的毛圈使其起毛的布料。 禮服・洋裝・裙子・夾克・緊身衣
毛絨布	模仿剛剃下的整片羊毛狀態或在紡織階段時的薄羊毛片，以合成纖維製成。最近亦有毛圈款式。 運動服・連帽衣	**毛巾布**	指於織布或編織布兩面（或單面）作出毛圈的布料，以及藉由剪去毛圈使其起毛的布料。 連帽衣
合成皮革	使用織物或不織布作為底布，於表面塗抹合成樹脂，仿製成天然皮革質感的布料。合成皮革會殘留針孔，因此須多加注意。 褲子・夾克・外套・背心・裙子・配件（鎧・武器）	**合成皮草**	模仿天然皮草製成的人工毛皮。 玩偶・獸耳
漆皮	表面塗覆有聚氨酯，帶有光澤的材質。 褲子・夾克・裙子・配件（鎧・武器）	**自黏式PU合成皮**	底布為紗布等材質的厚質上漆防水布料，具有強烈的光澤感。將紗布剝去後貼於軟墊上便可用來製成配件。 配件（鎧・武器）

特殊布料的處理&車縫方法

★ 合成皮革・漆皮

壓布腳

鐵氟龍壓布腳／Brother販售

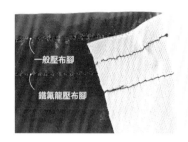

一般壓布腳

鐵氟龍壓布腳

因布表塗有樹脂或乙烯漆等材質,所以容易黏於壓布腳上而無法順利推進。此時,只要換成鐵氟龍壓布腳便可順利進行車縫。

車縫小祕訣

珠針的代替品

合成皮革與漆皮在插入珠針後會留下針孔痕跡。因此可以強力夾或紙膠帶代替珠針固定,以免留下針孔。
強力夾／Clover

與描圖紙一起車縫

當合成皮革與漆皮等以正面朝下的方式進行車縫時,送布齒後方便容易咬布,且布表易黏於針板上。此時可於布料下方鋪上裁成小片的描圖紙一起車縫,待縫完後再將描圖紙撕破拆下,便能縫出漂亮的車線。

塗抹矽立康潤滑劑

於車針、壓布腳或布料上,塗抹矽立康潤滑劑或矽立康噴劑便可降低阻力,順利進行車縫作業。
縫紉用矽立康潤滑劑／Clover

★ 天鵝絨

毛流

在天鵝絨與棉絨等布料的表面,絨毛具有不同的流向,各部位的光澤感也不盡相同。因此裁剪部位的上下側必須維持一定的方向上。

標註記號

天鵝絨等具有絨毛的布料,無法以布用轉印紙標註記號,因此必須以線釘的方式作出記號。

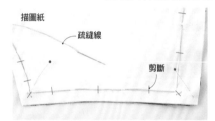

描圖紙
疏縫線
剪斷

1 於布料背面重疊上紙型,並以疏縫線沿著完成線縫製。直線部分採寬間距、曲線部分採小間距,轉角部分則須縫成十字。再自縫線中央剪斷縫線,並取下紙型。

（背面）

2 將布表疏縫線修剪至0.5cm,並以手指壓開縫線線頭。此方法即為製作線釘。

疏縫

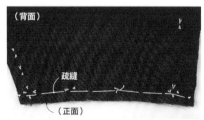

（背面）
疏縫
（正面）

天鵝絨等具有絨毛的布料,即使以珠針固定也很容易發生縫歪的情形,因此須先進行疏縫後再車縫。

壓布腳

使用天鵝絨專用壓布腳便可防止縫歪。
天鵝絨專用壓布腳／KAWAGUCHI

合成皮草

毛流

合成皮草的毛髮具有流向性，因此裁剪時必須考慮到縫合後的毛流方向，再進行作業。例如製作獸耳時，須朝耳尖方向順毛。

裁剪

1 布料背面朝上放置，剪刀懸空、盡可能自毛根處裁出底布以免切斷毛皮。

因將剪刀貼著桌面裁剪，所以毛也被切斷。

2 漂亮地完成裁剪作業，毛的狀態相當完整。此時須先將脫毛清除乾淨。

以珠針固定

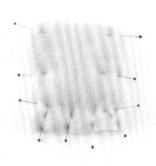

以錐子將毛推向中央並插入珠針固定，以免毛散至外側。若布料較厚、無法以珠針固定時，也可改用強力夾等工具固定。

縫合

整理

針目放寬，作業時須以錐子輔助，以防止毛散至外側。

以錐子拉出被縫入線內的毛。

Step2》Fabric

★ 薄布

裁剪

描圖紙

歐根紗和網紗、精梳棉布等薄布料屬於容易扭曲、難以依照紙型裁剪的布料。因此可以先鋪上描圖紙後依序重疊上布料、紙型,再將布料與最下方的描圖紙一起裁下。也可以將尚未經過裁剪的紙型重疊於布料上,再連同紙型一起裁剪。

車縫

直接車縫薄布料,會導致布料陷入針孔中或產生縐縮,須多加留意。

描圖紙

1 於布料下方鋪上長條狀描圖紙,並與布料一起車縫。

2 以熨斗乾燙,描圖紙即會變脆,如此便可輕鬆撕下。

3 將方格尺壓於縫線上,並沿著方格尺撕下描圖紙。

處理縫份

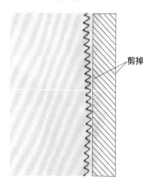

剪掉

Z字形車縫

直接於薄布料邊緣進行Z字形車縫,會容易產生內捲的情形,因此須預留較多的縫份,並將Z字形縫線車於內側再剪去多餘的布料。

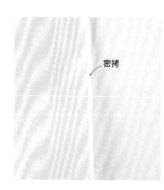

密拷

拷克

使用三條或兩條車線交叉車縫布邊的方法。若想提升質感,則須使用密拷方式處理。另外,密拷可同時車縫兩片布料,因此可用來縫合歐根紗或喬其紗。

家用拷克機
HL432df
／brother販售

袋縫

因布邊被包於內側,所以外觀較漂亮,而且也較耐用。

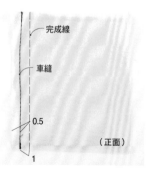

完成線

車縫

0.5

1

(正面)

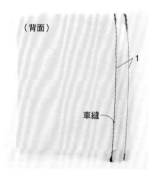

(背面)

1

車縫

1 布料背面相對以進行車縫。

2 將布翻至背面後對齊,再沿著完成線進行車縫。

針織布

彈性

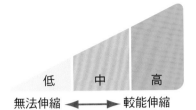

低　中　高

無法伸縮　←→　較能伸縮

購買針織材質時常會看到「彈性」，指的是可伸縮的比率。代表這個材質可伸縮的程度。不太能夠伸縮的代表彈性小，較能伸縮則為彈性較大。

必備工具

針織布用車縫針

針尖為圓形的車縫針。針織布料的編織線受損會留下針孔，因此必須使用可落於織線間空隙的專用車縫針，以免傷到布料。針織布用車縫針／Clover

彈性線

可隨布料伸縮，因此不會發生斷線的慘狀。Resilon／FUJIX

拷克線

拷克線

用於進行密拷或拷克時的車縫線，質感鬆軟。可當作下線使用。

縫法

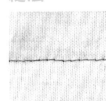

直線車縫

直線縫為阻止布料拉伸的縫法，因此車縫時必須略為拉伸布料以防止斷線。若使用機型可調整壓布腳壓力，可將壓力調弱，如此便能提升作業的流暢度。

伸縮車縫

某些縫紉機附有伸縮縫等車縫針織布的縫線功能，此縫法較直線縫具有伸縮性，因此可確認一下手邊的機器是否有此功能。

袖口布＆下襬等

袖口布與下襬等處的羅紋布較縫合位置的長度短，因此車縫時必須拉伸羅紋布以配合縫合位置長度。

T恤和運動服的領圍處，只要縫入較縫合位置長度短約兩成左右的布料，便可使其縮至內側。若縫入與縫合位置一樣長的布料，則會導致向上立起，而形成立領狀。

車縫處呈現起伏狀時，該如何處理？

1 使用家用縫紉機作業，縫份會產生起伏。

2 以蒸氣熨斗壓燙。

3 起伏處平整了。

令人想嘗試使用的
工具·材料&小技巧

本篇將介紹可以縮短製作時間、整理縫紉機周邊環境,以及能作出漂亮作品的工具與材料。

∥ 工具 ∥

梭子收納塔

製作服飾會用到許多種顏色的縫線。梭子收納塔可以幫助快速尋找想要的顏色,能防止縫線打結且方便取用。

梭子收納塔／Clover

俄羅斯
刺繡針組

只須上下來回穿針,便可作出回針繡或緞面繡風的刺繡圖案。另外,將背面線環剪去,也能作出類似天鵝絨的質感。

俄羅斯繡針·俄羅斯繡框·俄羅斯繡座台／Clover

裁縫上手黏著劑

不必使用針線、即使不擅長縫紉也可輕鬆製作手工藝的專用黏著劑。耐用性高,製成的包包可承受至2kg的重量!

裁ほう上手／清原

褶痕
加工噴霧

方便整理百褶裙與日式袴的打褶。適用於羊毛、化學纖維、棉等材質。

褶痕加工噴霧／KAWAGUCHI

各式各樣的便利壓布腳

使用這些壓布腳,便可輕鬆完成作業。特別介紹製作Cosplay服裝時經常會使用到的壓布腳!

★ 三捲邊壓布腳

可輕鬆處理裙襬及荷葉邊等部位的邊緣。不須熨燙便可縫出三捲邊,適用於薄布料與一般布料。

★ 滾邊壓布腳

可製作寬幅7mm以下的滾邊條。

縐褶壓布腳

須在長距離的蕾絲或荷葉邊上作出縐褶時,建議使用此壓布腳。車縫同時即可作出縐褶。

捲邊壓布腳

可同時摺入布邊處理。適用於薄布至一般布料。

立體浮繡壓布腳

上線張力調弱,並使用緞面縫法作出立體的浮雕裝飾效果。

提供／brother販售 ※此處介紹之壓布腳皆為SOLEIL80(brother販售)的建議使用配件。

材料

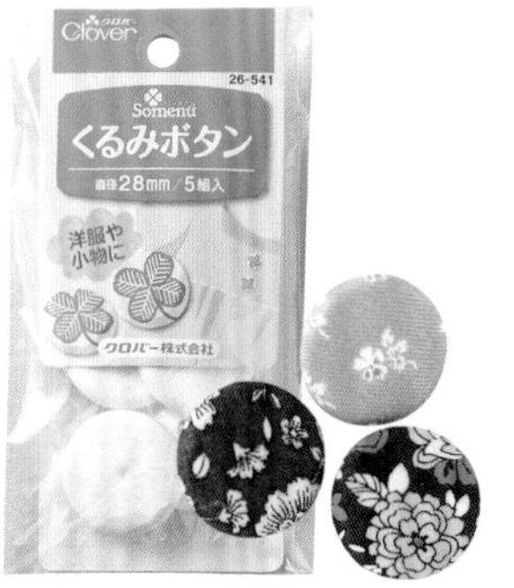

包釦

可選擇自己喜歡的布料作出原創鈕釦。若想擁有與服裝成套的鈕釦時，包釦即為最佳選擇！

包釦／Clover

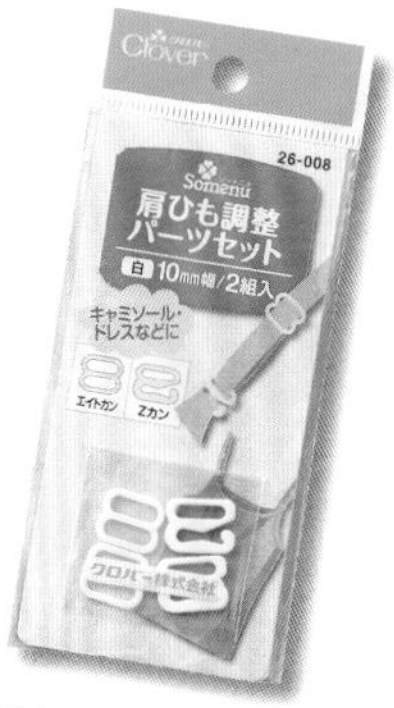

肩帶調節環

可調節小可愛與禮服肩帶的配件。本書中使用於領帶作品。

肩帶調節環／Clover

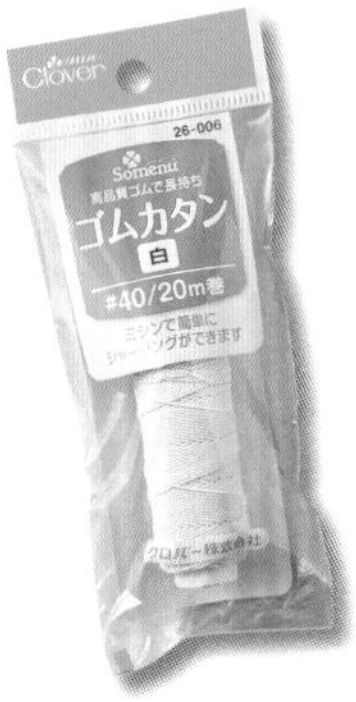

鬆緊線

捲在下線梭子上使用，便可輕鬆完成平行縐縫。

鬆緊線／Clover

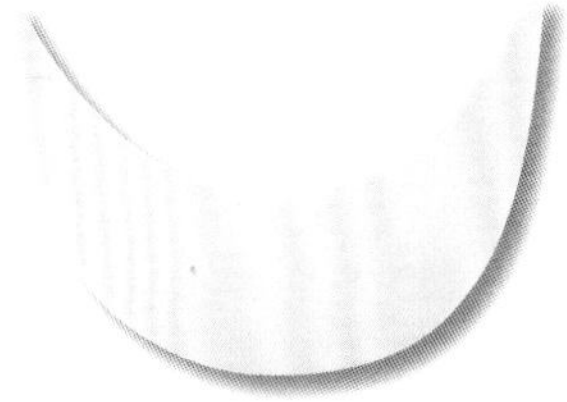

PE底板

用於製作帽沿或包包底板，可維持作品漂亮形狀的塑膠材料。

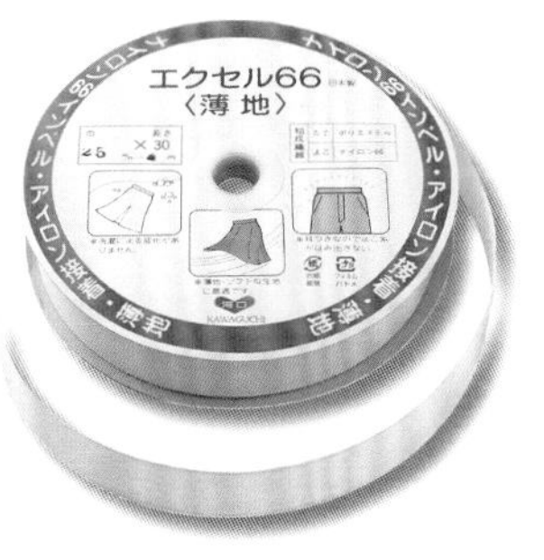

腰帶襯（裙頭襯）

用於製作裙腰或褲腰。能以熨燙方式黏著的款式更方便，須配合腰帶寬度選用。

裙頭襯 白／KAWAGUCHI

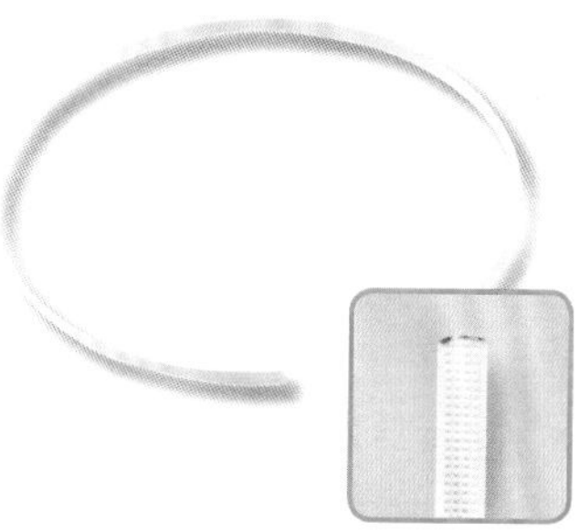

魚骨

製作馬甲、束腹、露肩禮服時，須將魚骨縫於縫份處以便支撐形狀。魚骨端須經過打火機燒熔處理。

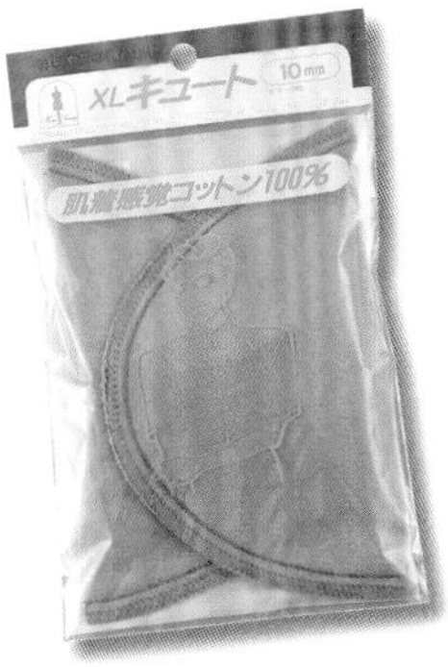

墊肩

縫於外套或夾克的肩部。製作男裝時，只要縫上較厚的墊肩便會形成充滿男人味的肩線。

墊肩／KAWAGUCHI

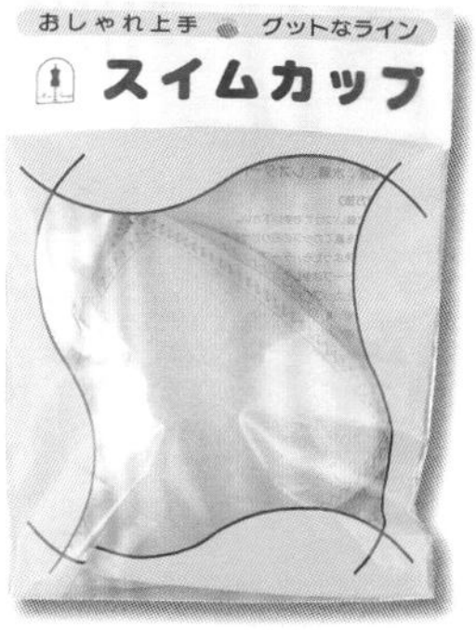

泳衣胸墊

可用於泳裝、緊身衣、無袖背心、禮服等作品上。

泳衣胸墊／KAWAGUCHI

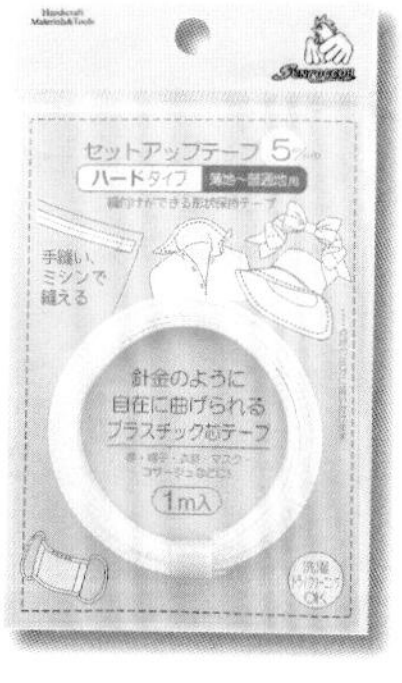

定型條

如鐵絲般可自由彎摺、作出形狀，為可洗滌的塑膠製芯條。適用於製作緞帶及帽緣、領緣、下襬等部位。有強力款與超強力款兩種。

定型條／清原

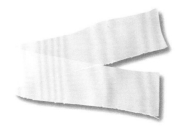

紗帶

縫於拖尾禮服的下襬，便可向外擴散出漂亮的形狀。另外，也可用於製作舞衣上輕飄飛舞的裝飾部分。

▌小技巧▐

1. 以熨斗壓平紙型的褶痕

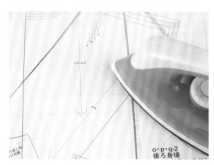

描繪紙型時,附錄的原寸紙型上的褶痕常會讓作業無法順利進行。此時可以熨斗將紙型壓平。當然,家中收藏的紙型也可用此方法壓平。熨斗請設為乾燙功能。

2. 以美工刀裁切紙型較為快速

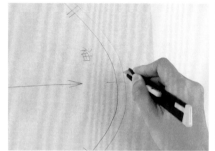 

以剪刀裁剪紙型極耗費時間,使用美工刀便能快速地完成作業。建議徒手裁切曲線部分,以鐵尺輔佐直線部分的裁切。

3. 使用消失筆作記號

縫紉專用的消失筆相當便於標註記號,以熨斗壓過或以水洗過便會消失得一乾二淨。

4. 標上衣袖的前後記號

進入車縫作業前,有時會弄不清衣袖的前後側或正反面。因此只要以紙膠帶標上記號,便可輕鬆分辨。

5. 標上最低限度的記號,並於針板上標出縫份寬記號

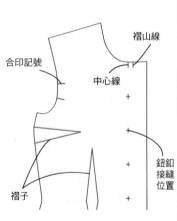

褶山線
合印記號
中心線
鈕釦接縫位置
褶子

若有準確地測量縫份並按此裁切,便可不須標出完成線的記號,只須標出合印記號和褶子等最低限度的記號即可。接著自車針落於針板上的位置點開始量出縫份寬,再以紙膠帶標上記號,最後再將布邊貼齊記號以進行車縫。

※為了方便理解,此處壓布腳為拆除狀態。

6. 車縫時不須剪斷縫線，可一次完成作業

Cosplay服裝的小部位多，若每次縫完一個部位，就將線剪斷再重新縫下個部位，會浪費不少時間。因此可以不必將線剪斷，只須空縫幾針後再接著縫下個部位即可，待完成後再一起剪去連接的縫線便能順利地進行作業。

7. 羊毛布料的熨燙

羊毛布料的縫份較難以熨斗燙開。此時，只要以手指沾水並輕輕點濕縫線處，便可以漂亮地燙開。

8. 車縫前先摺出完成線

袖口布等部分在縫成筒狀後，較不方便測量完成線以燙平。因此須在車縫前的平面狀態時先沿著完成線摺疊，如此在縫合後便可輕鬆摺出完成線。

9. 於縫紉桌上貼塑膠袋

縫紉機四周總有許多線頭或碎布。因此只要在縫紉機附近貼上塑膠袋，便可立刻丟棄。如此也能避免所需部位遺失或線頭沾黏。

10. 繩環等部位可縫合後再分切

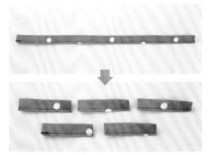

若須製作多個繩環、繩帶等相同寬度的部位，可先作成長條狀後，再分切成必要的長度，如此便可省去重複摺布的手續。

11. 只接縫表面釦具

若縫紉機無縫製釦眼的功能，可以改用暗釦代替，也可以只在表面縫上釦具，再於內側加裝魔鬼粘貼合固定。此方法可有效利用於夾克袖口布等處；如此便不必製作釦眼，只須縫上袖釦即可。

STEP 4 細節再現的方法

製作服裝時，有許多令人在意、講究的小細節。例如：再現布料的色澤、觸感、花樣以及作出漂亮的形狀等。另外，學會口袋和拉鍊的縫法也更能提升相似度。

▎布料的再現 ▎

重疊薄布料

雖然找到喜歡的顏色，但是布料太薄。此時只須使用理想厚度的布料當作底布，再重疊上自己喜歡的布料製作即可。不過，須注意底布的顏色不可太深，以免透色、影響表布色澤。

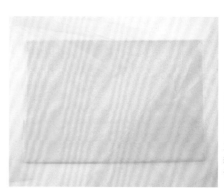

重疊透明素材

重疊歐根紗、雪紡紗、網紗等透明素材，便可作出自己喜歡的配色。

破損加工

也可使用銼刀或美工刀等工具

以砂紙磨擦布料便可同時磨去表面顏色與起毛，如此便可作出磨損質感。

撕破

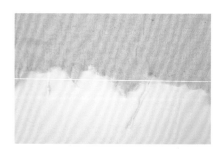

1 以剪刀剪出破爛感。圖中無法呈現細部，請隨意地盡情剪破。

2 塗抹防綻液時須順手拉扯、擰扭布邊，或抽出紡線。

3 呈現出破爛感的狀態。若能以洗衣機洗過並直接晾乾（不拉平縐褶），會更有效果。

髒污

壓克力顏料

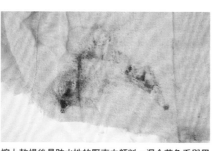

擦上乾燥後具防水性的壓克力顏料。混合茶色系與黑色系顏料便可作出髒污感。建議使用海綿或牙刷等工具作業。

鞋油

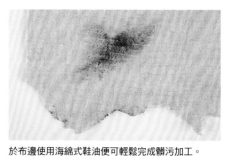

於布邊使用海綿式鞋油便可輕鬆完成髒污加工。

製作圖案

漸層

布用噴漆

想製作漸層布時,建議使用布用噴漆。反覆噴灑數次以作出深淺漸層。於暗色布上噴亮色系染料時不僅須使用大量的染劑,布料也會變硬;因此建議於亮色系布料上噴灑深色染劑。

模版印染

模版印染膠板

若想製作多個相同的圖案,建議先於膠板上割出圖案,再以海綿塗上壓克力顏料。布料與膠板間不可產生縫隙,以免圖案模糊。

模版印染膠板/Clover

裁剪布料

合成皮革或漆皮

植絨布

合成皮革或漆皮等布邊不會綻線的布料,只須裁出自己喜愛的形狀,再以縫紉機車至服裝上即可。不過,以縫紉機車縫植絨布時會產生倒毛的現象,因此建議使用手縫收邊,或以工藝黏著劑貼至服裝上。

熱轉印貼紙

可裁出喜歡的形狀,並以熨斗轉印的聚氨酯橡膠製貼紙。

以美工刀等工具裁出圖案,再以熨斗燙過便可貼至布料上。另外,使用印表機狀、可自動切割紙張或貼紙的割字機,便可輕鬆在衣服上添加商標或文字。

Z字形車縫or密拷

1 以細密的Z字形縫線縫出喜愛的形狀。以拷克機的密拷製作時,必須先切出所需形狀後再進行。
※使用與布料同色系的縫線會較不明顯。

2 剪去周圍的布料,切勿切到Z字形縫線的縫線。

3 可以手縫的方式,或以縫紉機將圖案車縫至布料上。

製作形狀

可營造服裝張力、膨脹感，以及作出希望形狀的各種方法。

無加工狀態

（背面）

將經過縫合的花瓣狀布料翻回正面後的狀態。尖端會呈現無力下垂的狀態。

合成皮革

將裁切成完成尺寸的合成皮革放入內部，便可以直直地撐起尖端。運用厚黏著襯等材料，也可有效營造出挺立的質感。

網紗

塞入拉出縐褶的網紗，便可營造出輕柔的膨脹感。須注意，若在軟布中塞入硬網紗會產生不佳的觸感。

鐵絲

沿著邊緣形狀穿入鐵絲。因鐵絲可任意彎成喜愛的形狀，所以也可作出尖端上翹的造型。

褶子

於中央車縫褶子便會形成弧度，因此可與身形緊貼。若於內部塞入網紗便可作成有厚度的花瓣狀。

定型條

於中央縫上一條P.51所介紹的定型條。可作出自己喜愛的形狀，因此也能將尖端向上摺翹。

魚骨

於部位中央縫上向外翹起的魚骨。外翹程度須視魚骨的硬度與種類而定。

鋪棉

若須作出厚度以便讓圖樣鼓起時，建議先在裡側夾入鋪棉再以縫紉機車縫。圖中的作品是由兩片鋪棉重疊製成。

部分縫

若想將紙型改造成自己喜歡的樣式,可以參考此處說明。

隱形拉鍊

自正面不會看到鏈齒的拉鍊

拉鍊頭
拉鍊布
拉鍊齒

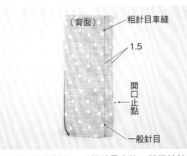

(背面)　粗針目車縫
1.5
開口止點
一般針目

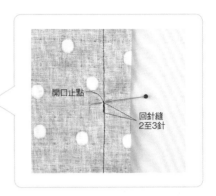

開口止點
回針縫2至3針

1 布料正面相對後,以粗針目車縫,縫至拉鍊的開口止點,回針縫後再自開口止點向下以一般針目車縫。
※為了方便理解,此處特意省略布邊的處理作業。

(正面)

2 以熨斗燙開縫份,重疊隱形拉鍊與縫份縫線的中心線,此時拉鍊為拉上狀態。須注意拉鍊的正反面!

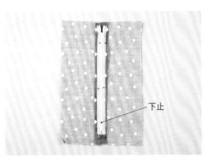

下止

3 以珠針將拉鍊布固定於縫份上。將下止拉至開口止點下方,但不可使其脫落。

疏縫

4 將布帶疏縫固定於縫份上,但不可縫到主體布料。

5 拆去粗針目車縫線至開口止點。以錐子拆除較方便作業。

(正面)

6 拆至開口止點的狀態。拉開拉鍊。

開口止點

7 拉鍊頭拉至開口止點下方,以便收於內側。

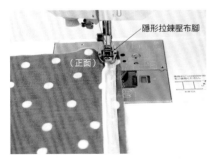

隱形拉鍊壓布腳

(正面)

8 縫紉機換成隱形拉鍊壓布腳,再將鏈齒置於壓布腳凹槽中以進行車縫。拉鍊壓布腳可立起鏈齒、對拉鍊沿邊進行車縫。另一側也須以相同方式車縫。

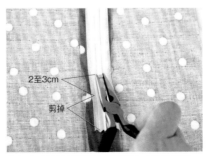

2至3cm
剪掉

9 拆去疏縫線並將下止推至開口止點的位置,再以鐵鉗夾緊固定。保留開口止點下方布帶約2至3cm,再以剪刀剪去剩餘的布帶。

10 拉鍊接縫完成!

Step4 Arrange-ment

開式拉鍊

無下止，左右可完全
分開的拉鍊。

下止

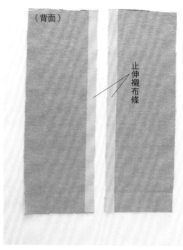

（背面）

止伸襯布條

1 兩側縫份貼上止伸襯布條。

Z字形車縫

2 於布邊進行Z字形車縫。

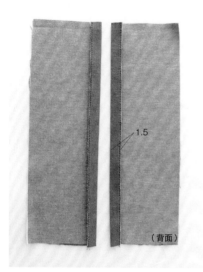

1.5

（背面）

3 沿著完成線摺疊兩側布邊。

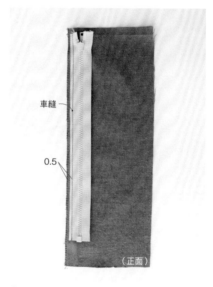

車縫

0.5

（正面）

4 攤開縫份，拉鍊與布料正面相對，將拉鍊縫
至縫份上。

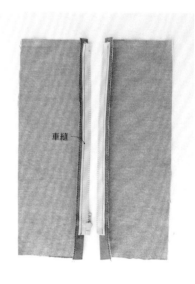

車縫

5 同步驟4，於另一側縫份等高處縫上拉鍊。

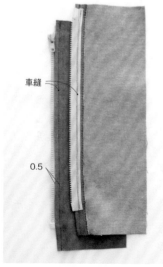

車縫

0.5

6 沿著完成線摺疊，並自正面車縫縫線。

（正面）

7 開式拉鍊接縫完成！

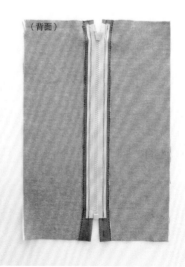

（背面）

製作細褶

抽拉縫線，使布料產生縐褶。

0.3
完成線
0.3

1 縫紉機上下線各先抽出約10㎝，於完成線上下兩側各車一條粗針目縫線。
※也有將兩線皆車於縫份內的情形。

2 同時拉兩條上線，並拉縮至希望的尺寸。

3 完成細褶。

貼式口袋（角）

直接縫上的口袋。
※為了方便理解，此處特意省略布邊的Z字形車縫。布邊處理須於步驟1前完成。

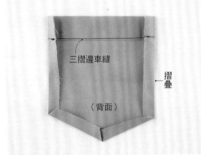
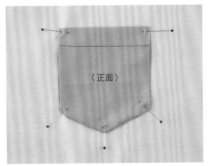
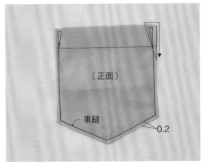

三摺邊車縫
摺疊
（背面）

（正面）

（正面）
車縫
0.2

1 口袋口三摺邊車縫，再以熨斗沿著完成線摺入縫份。

2 以珠針將口袋布固定於口袋接縫位置上。

3 車縫邊緣。開口處車出三角以作補強。

貼式口袋（圓）

圓角型口袋。
※為了方便理解，此處特意省略布邊的Z字形車縫。布邊處理須於步驟1前完成。

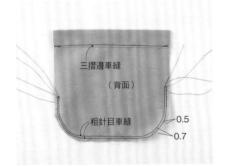
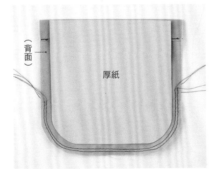
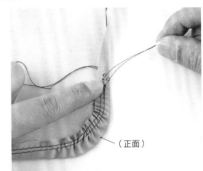

三摺邊車縫
（背面）
粗針目車縫
0.5
0.7

背面
厚紙

（正面）

1 口袋口三摺邊車縫，於圓弧縫份上車縫兩條粗針目縫線。

2 準備裁切成完成尺寸的厚紙，並疊於口袋的背面。

3 同時拉兩條粗針目的上線，並拉縮作出圓角。

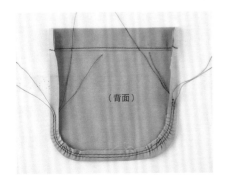
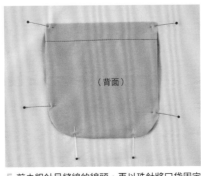
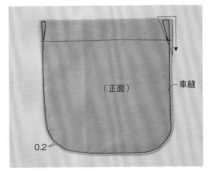

（背面）

（背面）

（正面）
車縫
0.2

4 熨燙以固定形狀。

5 剪去粗針目縫線的線頭，再以珠針將口袋固定至口袋接縫位置上。

6 縫合邊緣。開口處車出三角以作補強。

Step4 》 Arrange -ment

斜紋布條　製作用來處理布邊的斜紋布條。

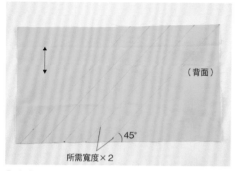

（背面）

45°

所需寬度×2

1 準備一塊長方形布。接著於正斜紋方向畫出數條平行線，線條間距為所需斜紋布條寬的兩倍。

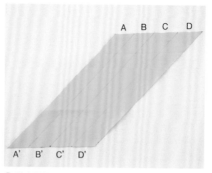

A B C D

A' B' C' D'

2 剪去兩側。

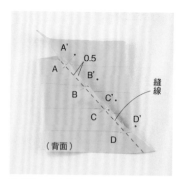

A'
0.5
A
B'
B
縫線
C'
C
D'
D
（背面）

3 錯開一列並對齊縫線記號。接著以珠針固定。

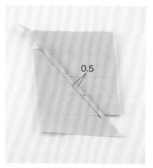

0.5

4 縫合並燙開縫份。

5 沿線剪開。

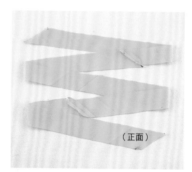

（正面）

6 斜紋長布條製作完成！

滾邊器

運用滾邊器便可輕鬆同時摺入兩側邊。

滾邊器／Clover

以斜紋布條處理布邊　因斜紋布條會翻至後側縫合，所以從正面不會看到斜紋布條。

完成線
〈背面〉
（正面）

1 斜紋布條的褶線與主體完成線正面相對以進行縫合。

（正面）
（背面）

2 將斜紋布條翻至主體內側，以斜紋布條包住縫份，再以熨斗燙平。

車縫
（背面）

3 將斜紋布條下側往內摺，沿著褶線車縫固定。

以滾邊處理布邊　以市售滾邊條自正背面包夾布邊，因此正背面皆可看見滾邊條。

完成線
〈背面〉
褶線
（正面）

1 將滾邊條摺出三等分，不須呈等比，其中一側寬度約須多0.1cm。較窄側須與主體正面相對縫合。

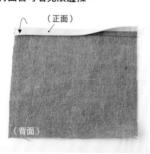

（正面）
（背面）

2 以滾邊條包夾布邊。須自完成線向內翻，以蓋住縫線。

車縫
（正面）

3 自正面車縫褶線邊緣。

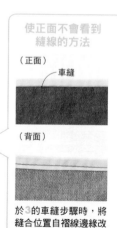

使正面不會看到縫線的方法

（正面）
車縫
（背面）

於3的車縫步驟時，將縫合位置自褶線邊緣改為褶線與主體之間，便可使縫線較不明顯。

圓球

使用合成皮草製作圓球。

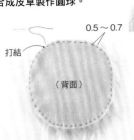

0.5～0.7
打結
（背面）

1 將皮草裁成圓形，縫線打結並縮縫圓周一圈。完成後，自縫針側抽拉縫線，以作出圓形。

2 中央塞入棉花並縫合開口。完成後便可打結、剪斷縫線。

3 完成圓球。

蝴蝶結

以布製作的蝴蝶結。若想使用與衣身相同布料製作配件時，可參考此處說明。

參考尺寸：蝴蝶結耳…30×12cm，緞帶…23.5×12cm，蝴蝶結頭…6.5×10cm（含縫份1cm）

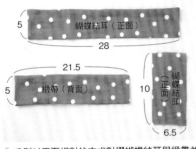

5
蝴蝶結耳（正面）
28

21.5
5
緞帶（背面）
10
蝴蝶結頭（正面）
6.5

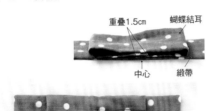

重疊1.5cm　蝴蝶結耳
中心　緞帶
打結

蝴蝶結頭
1.5

1 分別以正面相對的方式對摺蝴蝶結耳與緞帶並縫合，此時須保留返口，待外翻後再將其縫合。沿著斜紋方向裁剪布料，完成後會較具彈性。

2 將蝴蝶結耳繞成圈狀，兩側邊緣重疊1.5cm。如圖重疊。縫線打結、穿過兩針後便可將線拉出並結尾、剪斷縫線。

3 蝴蝶結頭兩頭摺至背面包住中央，接著於背面以藏針縫固定。蝴蝶結即完成！

流蘇

不同線類作出的流蘇質感與大小皆不相同，可選用自己喜歡的線製作。

1 準備約完成大小的厚紙，以及15至20cm的線兩條（上方吊繩與纏綁用線）與主體用線。

2 將吊繩用線夾於上方，並將主體用線來回纏至厚紙上約30次。線頭須自下方略微凸出。

3 拿掉厚紙，於上方約1.5cm處纏上另一條線並打結固定。

4 將針穿過打結的線以翻鬆流蘇主體內部的線。兩端皆須翻鬆。

5 以剪刀剪開下側圓環。

6 修平下側線頭即大功告成！

縫紉基本功

必備工具

製作衣物時的
所需工具。

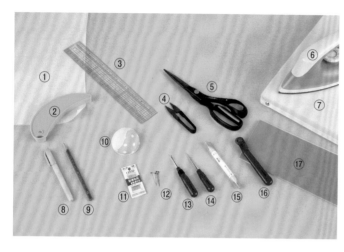

①描圖紙…用於描繪原寸紙型的薄紙。
　　　　　除描圖紙，也可以使用一般的薄紙。
②紙鎮…描繪紙型或裁剪時使用的壓紙重物。
③方格尺
④紗剪
⑤布剪
⑥熨斗
⑦熨燙台
⑧麥克筆…描繪紙型時用來標註記號。
　　　　　或選購會隨時間慢慢消失的消失筆也很便利。
⑨鉛筆
⑩針插
⑪手縫針
⑫珠針…用來固定兩片以上布料的針。
⑬拆線器…可用來割開釦眼或拆開縫線。
⑭錐子…用來整理邊角、輔助送布。
⑮記號筆…標註合印記號與褶子等記號的筆。
⑯點線器…藉由在布料上推動前端的齒輪，以壓出虛線記號。
⑰布用轉印紙…夾於布間，自上方壓過點線器後便可將紙上的粉土痕跡
　　　　　　　轉印至布料上。

紙型的使用方法

請試著描繪出附錄的原寸紙型並加以使用。

描繪紙型

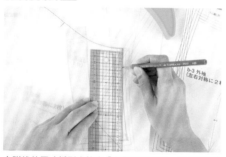

自附錄的原寸紙型中找出「想製作的作品」的「想製作
的尺寸」，再將其線條與記號描至描圖紙上。若線條過
於複雜，可先於該原寸紙型的角落以麥克筆點記記號以
便辨識。以直線構成的部位與裁布圖中已繪出尺寸的部
位無另附紙型。此部分可參考裁布圖上標示的尺寸，直
接於布料上畫線（請勿忘記縫份處），裁剪。

尺寸

	S	M	L	LL
胸圍	80	83	87	90
腰圍	61	64	67	70
臀圍	88	91	94	97
身高	156	158	160	162

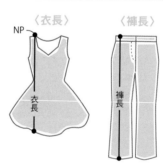

〈衣長〉　NP
〈褲長〉

本書紙型中共有4種女用尺寸
（S‧M‧L‧LL）。各尺寸裸身寸
法請參考上表數值。本書中人體模型
為9號尺寸（B83‧W64‧H91），
穿著M號服飾。

製作頁面中的完成尺寸衣長為自NP
（肩頸點）至下襬的長度。褲長與裙
長則包含腰帶寬度。

加上縫份

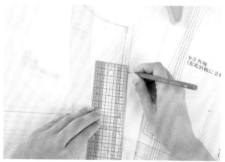

附錄的原寸紙型中不包含縫份寬。請參照各製作頁面中
的裁布圖的縫份寬度，自行加上縫份。使用方格尺測量
縫份寬，再繪製出平行於完成線的線條以作出縫份。

加上斜角處的縫份

描圖紙
袖子
縫份
完成線
縫份

袖子
縫份
完成線

袖子
縫份
完成線
縫份

1 繪出邊角以外的縫份
後即可剪下紙型，不
過邊角周圍須保留較
多的空間。

2 自完成線將袖口布往
上摺，並沿著袖下縫
份線剪去多餘的部
分。

3 可縫出漂亮成品的縫
份即完成！

裁剪布料

依照完成的紙型，將布裁成漂亮的形狀。

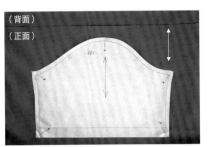

（背面）
（正面）

配合布紋方向將紙型放置於布上，並於各角落等處插上珠針固定。若能將布料背面相對摺疊，便可同時裁出左右兩側對稱的部位，而且也可減少標註記號的作業。使用絨毛布或單向花紋布時，則必須注意布料方向。

使用布剪

以布剪裁剪布料時，須將紙型置於刀刃右側並沿線剪取，同時下方刀刃必須緊貼於桌面上。若是完全閉合，刀刃會產生段差，因此裁剪途中不可將刀刃閉合，以便剪出漂亮的線條。

使用裁刀

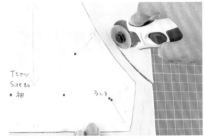

使用裁刀時，請於下方鋪設裁切墊。

對花

★ 上衣

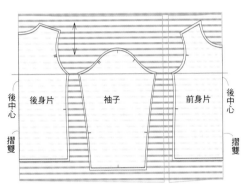

後中心　後身片　袖子　前身片　後中心
摺雙　　　　　　　　　　　　　　　摺雙

手臂縫製部位到中心線之間是一條垂直中心線的直線。如果使用格紋布，前後中心要選在一樣花色位置上。

褲子

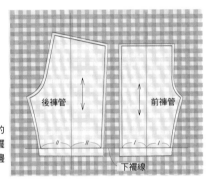

後褲管　前褲管
下襬線

下襬要放在一樣花色的位置上。另外，將下襬垂直分成兩等分，兩邊都是相同的花色。

標示記號

描繪合印記號與褶子記號。
須配合素材選用恰當的標記方式。

布用轉印紙

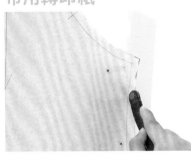

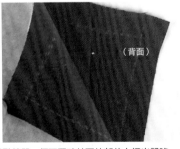

（背面）

夾於兩片背面相疊的布料之間，再沿線自上方壓過點線器，便可同時於兩片部位上標出記號。

牙口

以剪刀於記號點的縫份上剪出2至3mm的缺口。注意，褶子不可以此方法標註記號。

記號筆

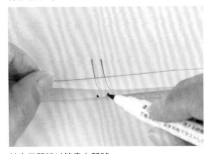

於合印記號以筆畫上記號。

以記號筆標出褶子記號

以錐子於褶子尖點鑿開小孔以作出記號，再以筆畫出連接線。但合成皮革等素材鑿孔後無法復原，建議使用布用轉寫紙進行作業。

黏著襯

貼於衣領等部位背面，以作出補強或挺立感；或輔助製作漂亮的形狀。
須配合布料選用適合的黏著襯。

黏著襯的種類

梭織襯

基底布是平織材質，適合用在一般平織材質的布料上。

針織襯

編織而成的基底布。具伸縮性，如果要黏貼在針織材質上，請選用這種款式。

不織布襯

不同方向的纖維聚集在一起而成的基底布。適合用於帽子或包包等比較不會頻繁清洗的作品上。

黏著襯的貼法

1 將要黏貼黏著襯的布料大致裁剪下來（粗裁）。

2 布料的背面對著相同大小的黏著襯貼合面（有著粗糙膠粒的那一面）。另外放上墊紙，以熨斗燙貼黏著襯。

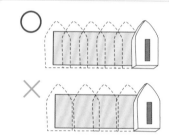

不要滑動熨斗，而是由上往正下方熨壓燙貼。移動時，不可產生間隙。

3 將黏著襯整面貼上，因為貼上去的黏著襯很可能會收縮，先整面貼上黏著襯才能避免尺寸上的誤差。

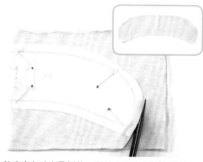

4 熱度尚存時容易剝落，所以必須待布料冷卻安定後，再以珠針固定上紙型，並依照紙型剪下部位。

只貼於部分部位時

剪下該部位後，再以熨斗將裁成貼合位置尺寸的黏著襯燙合即可。

整燙

整燙為製作服裝時的重點。
確實熨燙便可作出漂亮的衣物。

燙開

將縫份往左右燙開。

倒向單側

以熨斗將縫份倒向一側。

壓燙

抽褶時，以熨斗在縫份處壓燙，讓縫份處的褶子定形。

布料的接合方式

以下是經常出現於縫合作業時的重要詞彙。

正面相對

布料的正面相對，背面朝外，進行車縫。縫合時多採用此方式進行。

〈正面〉

（背面）

背面相對

布料的背面相對，正面朝外，進行車縫。多出現於裁剪布料及進行袋縫時。

鈕釦的接縫方式

確實縫緊鈕釦，以免拍攝中脫落！

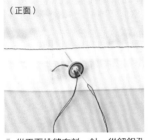

（正面）

1 從正面挑縫布料一針，從鈕釦孔出針，另一個洞入針。

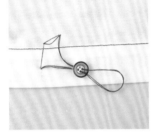

2 自最初穿針處將縫針穿至背面。以相同方式來回縫製同排圓孔數次。

3 將針穿過尚未穿針的圓孔。同至**2**，來回縫製同排圓孔數次。因須作出線腳，所以縫線不可拉得過緊。

4 自鈕釦邊緣出針。

5 由上至下，以縫線纏繞鈕釦與布之間的線腳。

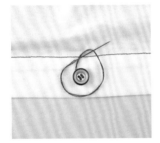

6 將針由下方穿過縫線作出圓圈後再拉緊縫線。

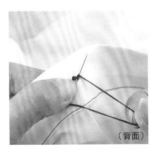

（背面）

7 自背面出針，打結後再將針平行穿過布料便可剪斷縫線。

暗釦的接縫方式

取兩股手縫線或鈕釦線，以確實縫緊。

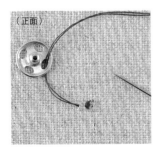

（正面）

1 穿線打結，在暗釦中心位置出針，並穿過暗釦的孔。

2 挑縫布料並從步驟**1**一樣的孔出針。拉緊縫線，針從線圈中穿過拉緊縫線。

3 每個洞都需繞四次線，每個洞都縫製固定。

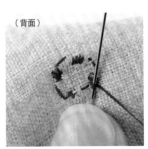

（背面）

4 最後針從背面出針，打結。完成後再將針平行穿過布料便可剪斷縫線。

How to make

縫紉機的基本功能

開始縫紉之前，
請再次確認縫紉機的基本功能。

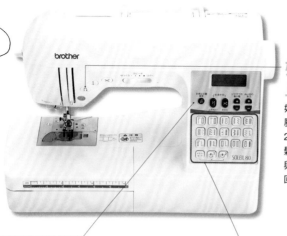

本書使用的
縫紉機

SOLEIL80
brother

只要輕輕一按便可自由選擇縫線長度和樣式，因此操作極為簡單。當操作錯誤時，機台會自動發出障礙訊號，因此初次使用者也可安心製作，不用害怕失敗。另外，不需剪刀的自動剪線功能也為此縫紉機的特點之一！

始縫點
（回針縫）

止縫點
（回針縫）

始縫點與止縫點

始縫點與止縫點必須按壓回針縫按鈕，回針縫2至3針，以避免縫線鬆脫。不過，褶子兩頭與車縫細褶時不須進行回針縫。

縫線長度

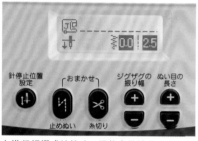

針停止位置設定

おまかせ

ジグザグの振り幅

ぬい目の長さ

止めぬい

糸切り

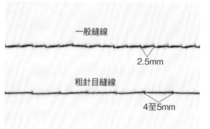

一般縫線

2.5mm

粗針目縫線

4至5mm

在進行細褶或縮縫時，須放寬縫線長度進行車縫。一般縫線長約2.5mm，粗針目車縫則約4至5mm長。

縫線花樣

按下樣式選擇按鈕便可變換縫線種類。除了直線車縫功能之外，也有適合用於針織布的伸縮縫功能、處理布邊用的Z字形車縫功能，以及縫製釦眼與裝飾縫線的功能。

處理縫份

謹慎處理布邊，以免織線綻線。

★ Z字形縫線

一般家用縫紉機也會有的基本布邊車縫法。

★ 捨邊端車縫

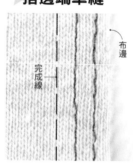

布邊

完成線

在縫份內壓一條或兩條縫線。若布料材質以Z字形車縫時會扭曲變形，則可以使用此方法。

★ 二摺邊

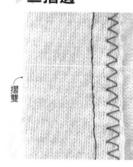

摺雙

布邊往內摺一褶後，車縫固定。由於從布料的背面側看得到布邊，所以要先進行Z字形車縫，再內摺車縫固定。

★ 三摺邊

摺雙

布邊往內摺兩褶。由於布邊被摺到裡面了，所以翻到布料背面也看不到布邊。

第一褶的摺疊份比第二褶窄一點，這樣一來布邊就不會變得太厚。

製作三摺邊時的摺疊份相同，則稱為完全三摺邊，適用於較薄的布料。

66

1. 女僕裝

《原寸紙型》

A面 1-1前身片・1-2前側身片・1-3後身片・1-4後側身片・1-5胸布・
1-6前&側裙片・1-7後裙片・1-8袖子

《完成尺寸》由左至右為S／M／L／LL

胸圍 85.5／88.5／91.5／94.5cm

腰圍 66.5／69.5／72.5／75.5cm

衣長 78.5／80.5／81.2／82.3cm

《材料》

・聚酯斜紋布（水藍色）寬150cm×長230cm（各種尺寸通用）
・彈性纖維布料（白）寬150cm×50cm（各種尺寸通用）
・3.5cm寬 棉蕾絲（H801-489）300cm
・56cm長 隱形拉鍊 1條
・0.8cm寬 鬆緊帶 80cm
・鉤釦 1組
・1cm寬 止伸襯布條 120cm
・1.2cm寬 滾邊條（白）200cm（水藍色）110cm
・2.5cm寬 緞帶（青）50cm ・別針 1個

裁布圖

聚酯斜紋布（水藍色）

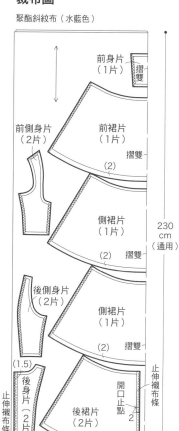

彈性纖維布料（白）

＊（ ）內為縫份寬度。除指定處之外，
　縫份皆為1cm。
＊ [網點] 須黏貼止伸襯布條。
＊ ～～～ 處進行Z字形車縫。
＊圖中無特別指定的數字單位皆為cm。

製作順序

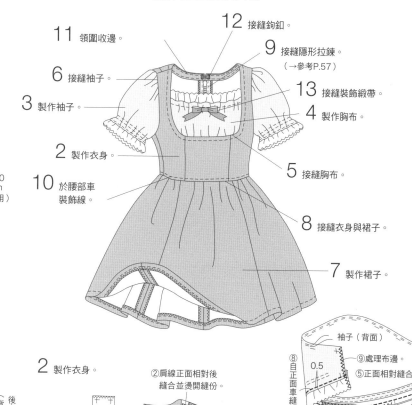

1 參考裁布圖裁布。
　於指定位置處貼上止伸襯布條並進行Z字形車縫。

11 領圍收邊。

12 接縫鉤釦。

9 接縫隱形拉鍊。（→參考P.57）

6 接縫袖子。

3 製作袖子。

13 接縫裝飾緞帶。

4 製作胸布。

2 製作衣身。

5 接縫胸布。

10 於腰部車裝飾線。

8 接縫衣身與裙子。

7 製作裙子。

2 製作衣身。

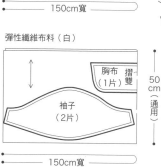

②肩線正面相對後
縫合並燙開縫份。

①各部位正面相對後縫合並
燙開縫份。

3 製作袖子。

①於袖山兩端記號間
車縫兩條粗針目縫線。

④滾邊條邊緣往內摺，
並縫至袖子上。

②將袖口蕾絲與袖口布
分成4等份並標上記號。

③蕾絲車縫兩條粗針目縫線。

⑧目正面車縫。　⑨處理布邊。　⑤正面相對縫合。

⑦兩片一起進行Z字形車縫並倒向袖側。

⑥剪至0.7cm。

⑩下袖正面相對縫合，須燙開縫份。

⑪車縫④剩餘的部分。

⑫穿入約30cm的鬆緊帶並車縫固定。

⑬抽細褶。

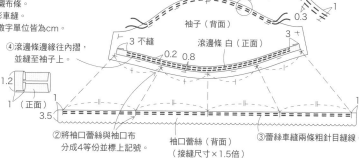

4 製作胸布。

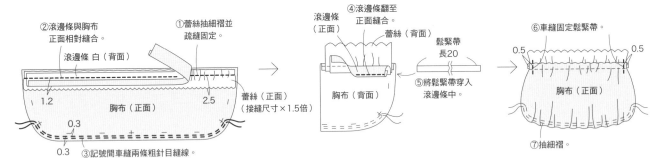

②滾邊條與胸布
正面相對縫合。

滾邊條 白（背面）

①蕾絲抽細褶並
疏縫固定。

1.2　　　　　　2.5

蕾絲（正面）
（接縫尺寸×1.5倍）

胸布（正面）

0.3

0.3　③記號間車縫兩條粗針目縫線。

④滾邊條翻至
正面縫合。

滾邊條
（正面）

蕾絲（背面）

鬆緊帶
長20

⑤將鬆緊帶穿入
滾邊條中。

胸布（背面）

⑥車縫固定鬆緊帶。

0.5　　　　0.5

胸布（正面）

⑦抽細褶。

---

5 接縫胸布。

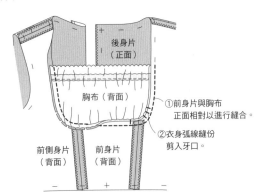

後身片
（正面）

胸布（背面）

①前身片與胸布
正面相對以進行縫合。

②衣身弧線縫份
剪入牙口。

前側身片
（背面）

前身片
（背面）

---

6 接縫袖子。

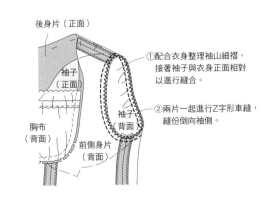

後身片（正面）

袖子
（正面）

胸布
（背面）

前側身片
（背面）

①配合衣身整理袖山細褶，
接著袖子與衣身正面相對
以進行縫合。

②兩片一起進行Z字形車縫，
縫份倒向袖側。

袖子
（背面）

---

7 製作裙子。

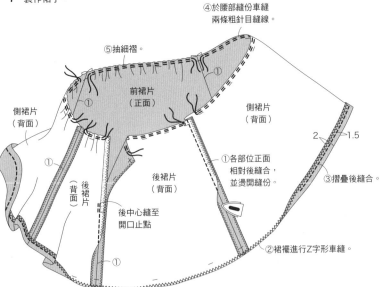

④於腰部縫份車縫
兩條粗針目縫線。

⑤抽細褶。

側裙片
（背面）

前裙片
（正面）

側裙片
（背面）

①

2　　1.5

①各部位正面
相對後縫合，
並燙開縫份。

③摺疊後縫合。

後裙片
（背面）

後裙片
（背面）

後中心縫至
開口止點

①

①

裙襬進行Z字形車縫。

---

8 接縫衣身與裙子。

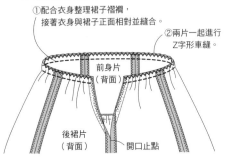

①配合衣身整理裙子褶襉，
接著衣身與裙子正面相對並縫合。

②兩片一起進行
Z字形車縫。

前身片
（背面）

後裙片
（背面）

開口止點

---

10 於腰部車裝飾線。

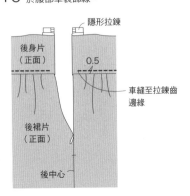

後身片
（正面）

隱形拉鍊

0.5

後裙片
（正面）

車縫至拉鍊齒
邊緣

後中心

---

11 領圍收邊。

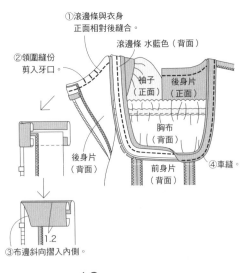

①滾邊條與衣身
正面相對後縫合。

滾邊條 水藍色（背面）

②領圍縫份
剪入牙口。

袖子
（正面）

後身片
（正面）

胸布
（背面）

後身片
（背面）

前身片
（背面）

④車縫。

1.2

③布邊斜向摺入內側。

---

12 接縫鉤釦。

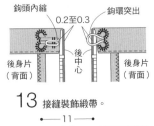

鉤頭內縮

0.2至0.3

鉤環突出

後身片
（背面）

後中心

後身片
（背面）

---

13 接縫裝飾緞帶。

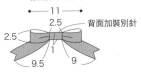

●—11—●

2.5

背面加裝別針

2.5

1

9.5　　9

《 原寸紙型 》

A面 2-1 前身片・2-2前側身片・2-3後身片・2-4後側身片・2-5貼邊・
2-6袖子・2-7領台・2-8衣領・2-9表・裡袖口布

《 完成尺寸 》 由左至右為S／M／L／LL

胸圍　85.5／88.5／91.5／94.5cm
腰圍　67.5／70.5／73.5／77.5cm
衣長　84.7／85.8／87.1／88.4cm

《 材料 》

・斜紋棉布（碎花）寬180cm×長370cm（各尺寸通用）
・防水斜紋棉布　寬120cm×長60cm（各尺寸通用）
・黏著襯　寬90cm×長85cm
・直徑1cm 花形鈕釦　11個
・1cm寬 織帶（H714-009-012）145cm

製作順序

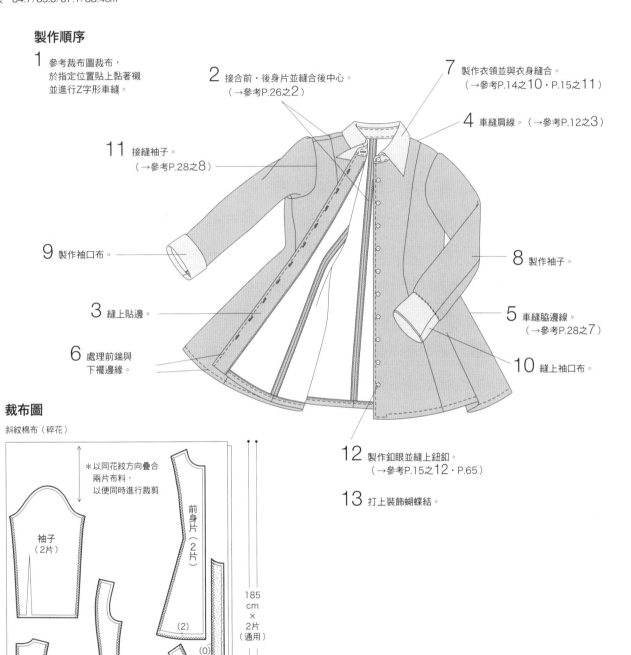

1　參考裁布圖裁布，
於指定位置貼上黏著襯
並進行Z字形車縫。

2　接合前・後身片並縫合後中心。
（→參考P.26之2）

7　製作衣領並與衣身縫合。
（→參考P.14之10・P.15之11）

4　車縫肩線。（→參考P.12之3）

11　接縫袖子。
（→參考P.28之8）

9　製作袖口布。

8　製作袖子。

3　縫上貼邊。

5　車縫脇邊線。
（→參考P.28之7）

6　處理前端與
下襬邊緣。

10　縫上袖口布。

12　製作釦眼並縫上鈕釦。
（→參考P.15之12・P.65）

13　打上裝飾蝴蝶結。

裁布圖

斜紋棉布（碎花）

袖子
（2片）

＊以同花紋方向疊合
兩片布料，
以便同時進行裁剪

前身片
（2片）

(2)

185
cm
×
2片
（通用）

後身片
（2片）

後側身片
（2片）

前側身片
（2片）

(0)

貼邊
（2片）

(2)

(2)

(2)

(2)

◀────── 108cm寬 ──────▶

＊（ ）內為縫份寬度。除指定處之外，縫份皆為1cm。。
＊ ▨ 須黏貼黏著襯。
＊ ∿∿ 處進行Z字形車縫。
＊圖中無特別指定的數字單位皆為cm。

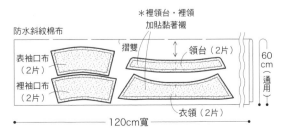

防水斜紋棉布

＊裡領台・裡領
加貼黏著襯

摺雙

表袖口布
（2片）

裡袖口布
（2片）

領台（2片）

衣領（2片）

60
cm
（通用）

◀────── 120cm寬 ──────▶

How to make

3 縫上貼邊。

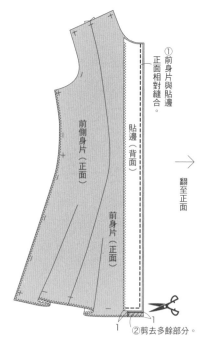

① 前身片與貼邊正面相對縫合。

貼邊（背面）

前側身片（正面）

前身片（正面）

→ 翻至正面

① 剪去多餘部分。

貼邊（正面）

前側身片（背面）

前身片（背面）

③ 下襬壓出褶痕。

6 處理前端與下襬邊緣。

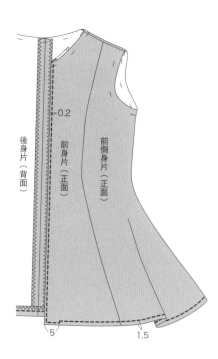

後身片（背面）

0.2

前身片（正面）

前側身片（正面）

5　　1.5

＊以相同步驟完成左側衣身

8 製作袖子。

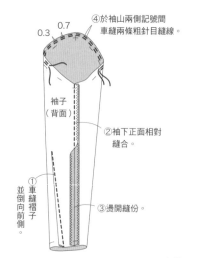

0.3　0.7

④ 於袖山兩側記號間車縫兩條粗針目縫線。

袖子（背面）

② 袖下正面相對縫合。

① 車縫褶子並倒向前側。

③ 燙開縫份。

9 製作袖口布。

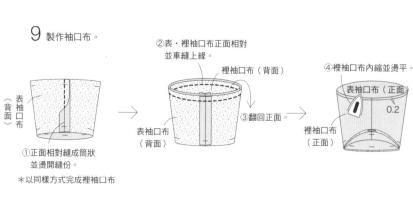

表袖口布（背面）

① 正面相對縫成筒狀並燙開縫份

＊以同樣方式完成裡袖口布

② 表・裡袖口布正面相對並車縫上緣。

裡袖口布（背面）

表袖口布（背面）

③ 翻回正面。

④ 裡袖口布內縮並燙平。

表袖口布（正面）

0.2

裡袖口布（正面）

10 縫上袖口布。

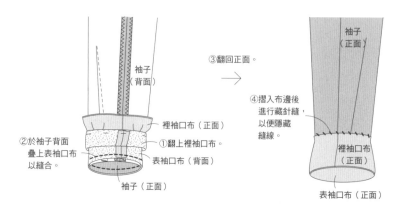

袖子（背面）

② 於袖子背面疊上表袖口布以縫合。

裡袖口布（正面）

① 翻上裡袖口布。

表袖口布（背面）

袖子（正面）

③ 翻回正面。

④ 摺入布邊後進行藏針縫以便隱藏縫線。

袖子（正面）

裡袖口布（正面）

表袖口布（正面）

袖子（正面）

表袖口布（正面）

⑤ 自袖口布向下預留1.5cm寬後，將表袖口布往上摺。

4. 立領襯衫

《 原寸紙型 》

B面 4-1前身片・4-2後身片・4-3袖子・4-4衣領・4-5袖口布・
4-6持出布&貼邊

《 完成尺寸 》 由左至右為S／M／L／LL

胸圍 83.5／86.5／89.5／92.5cm
腰圍 63.7／66.7／69.7／72.7cm
衣長 54.4／55.6／56.9／58.1cm
袖長 57／58／59／60cm

《 材料 》

・圓點印花布　寬110cm×長200cm（各尺寸通用）
・黏著襯　30cm×60cm
・直徑1.8cm 鈕釦　8個

裁布圖

圓點印花布

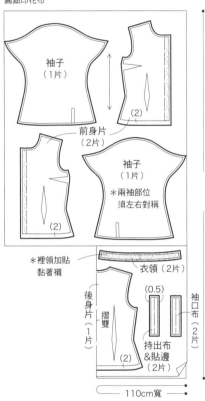

袖子
（1片）

前身片
（2片）

袖子
（1片）
＊兩袖部位
須左右對稱

＊裡領加貼
黏著襯

衣領（2片）

（0.5）

後身片
（1片）
摺雙

持出布
&貼邊
（2片）

袖口布
（2片）

—110cm寬—

＊（ ）內為縫份寬度。除指定處之外，縫份皆為1cm。
＊ 須黏貼黏著襯。
＊圖中無特別指定的數字單位皆為cm。

製作順序

1 參考裁布圖裁布，
　並於指定位置貼上黏著襯。

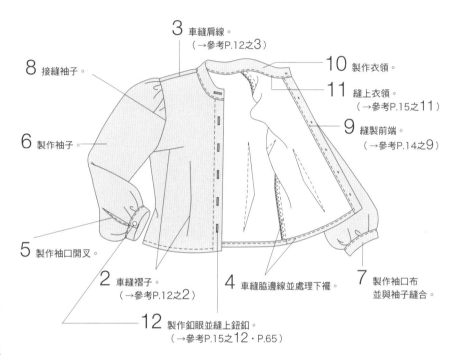

3 車縫肩線。
　（→參考P.12之3）

8 接縫袖子。

6 製作袖子。

5 製作袖口開叉。

2 車縫褶子。
　（→參考P.12之2）

10 製作衣領。

11 縫上衣領。
　（→參考P.15之11）

9 縫製前端。
　（→參考P.14之9）

4 車縫脇邊線並處理下襬。

7 製作袖口布
　並與袖子縫合。

12 製作釦眼並縫上鈕釦。
　（→參考P.15之12・P.65）

---

4 車縫脇邊線並處理下襬。

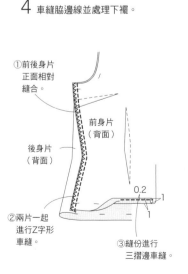

①前後身片
正面相對
縫合。

前身片
（背面）

後身片
（背面）

0.2

1

1

②兩片一起
進行Z字形
車縫。

③縫份進行
三摺邊車縫。

5 製作袖口開叉。

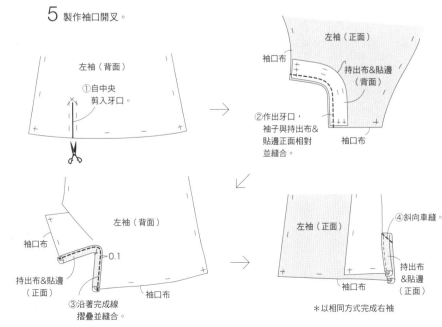

左袖（背面）

①自中央
剪入牙口。

左袖（背面）

袖口布

0.1

持出布&貼邊
（正面）

③沿著完成線
摺疊並縫合。

袖口布

左袖（正面）

袖口布

持出布&貼邊
（背面）

②作出牙口，
袖子與持出布&
貼邊正面相對
並縫合。

袖口布

左袖（正面）

④斜向車縫。

持出布
&貼邊
（正面）

袖口布

＊以相同方式完成右袖。

How to make

6 製作袖子。

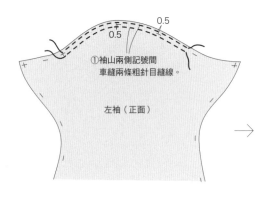

①袖山兩側記號間
車縫兩條粗針目縫線。

左袖（正面）

0.5
0.5

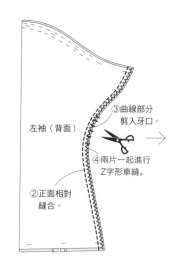

左袖（背面）

③曲線部分
剪入牙口。

②正面相對
縫合。

④兩片一起進行
Z字形車縫。

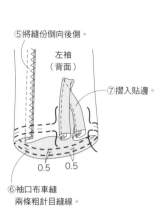

⑤將縫份倒向後側。

左袖
（背面）

⑦摺入貼邊。

0.5 0.5

⑥袖口布車縫
兩條粗針目縫線。

＊以相同方式完成右袖

7 製作袖口布
並與袖子縫合。

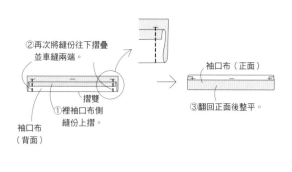

②再次將縫份往下摺疊
並車縫兩端。

摺雙

①裡袖口布側
縫份上摺。

袖口布
（背面）

③翻回正面後整平。

袖口布（正面）

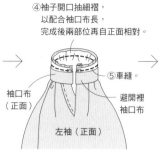

④袖子開口抽細褶，
以配合袖口布長，
完成後兩部位再自正面相對。

⑤車縫。

袖口布
（正面）

避開裡
袖口布

左袖（正面）

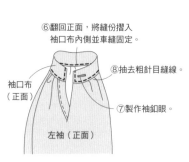

⑥翻回正面，將縫份摺入
袖口布內側並車縫固定。

⑧抽去粗針目縫線。

袖口布
（正面）

⑦製作袖釦眼。

左袖（正面）

＊以相同方式完成右袖

8 接縫袖子。

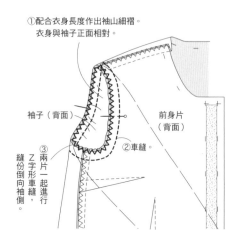

①配合衣身長度作出袖山細褶。
衣身與袖子正面相對。

袖子（背面）

前身片
（背面）

③兩片一起進行Z字形車縫，縫份倒向袖側。

②車縫。

10 製作衣領。

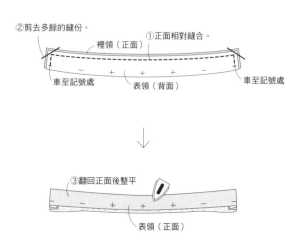

②剪去多餘的縫份。

①正面相對縫合。

裡領（正面）

車至記號處

表領（背面）

車至記號處

③翻回正面後整平

表領（正面）

5. 水手領襯衫

《原寸紙型》

B面 5-1前身片・5-2後身片・5-3上袖・5-1中袖・5-5下袖・5-6衣領

《完成尺寸》由左至右為S／M／L／LL

胸圍　83.5/86.5/89.5/92.5cm
腰圍　63.7/66.7/69.7/72.7cm
衣長　54.4/55.6/56.9/58.1cm
袖長　53.5/54.5/55.5/56.5cm

《材料》

・T/C府綢（素面）　寬110cm×長235cm（各尺寸通用）
・精梳棉布（碎花）　寬110cm×長80cm（各尺寸通用）
・黏著襯　50cm×50cm
・5cm寬 蕾絲　200cm
・直徑1.8cm 鈕釦　5個

裁布圖

T/C府綢（素面）

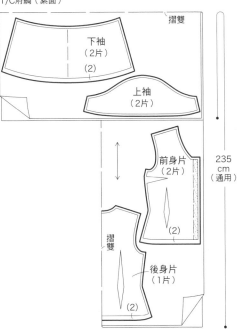

摺雙
下袖
（2片）
（2）
上袖
（2片）

前身片
（2片）
（2）
摺雙
後身片
（1片）
（2）

235
cm
（通用）

110cm寬

精梳棉布（碎花）

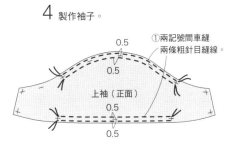

摺雙
衣領
（2片）
摺雙
中袖（2片）
＊左右兩部位
須對稱
＊裡領加貼
黏著襯

80
cm
（通用）

110cm寬

＊（ ）內為縫份寬度。除指定處之外，縫份皆為1cm。
＊ ▨ 須黏貼黏著襯。
＊圖中無特別指定的數字單位皆為cm。

製作順序

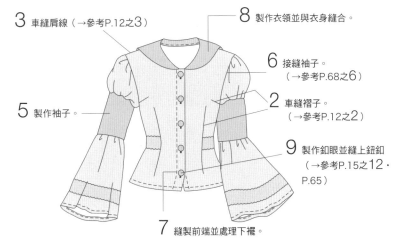

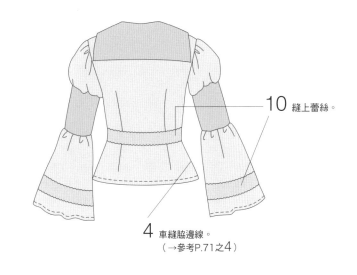

1 參考裁布圖裁布，
並於指定位置貼上黏著襯。

3 車縫肩線（→參考P.12之3）

8 製作衣領並與衣身縫合。

6 接縫袖子。
（→參考P.68之6）

5 製作袖子。

2 車縫褶子。
（→參考P.12之2）

9 製作釦眼並縫上鈕釦
（→參考P.15之12・
P.65）

7 縫製前端並處理下襬。

10 縫上蕾絲。

4 車縫脇邊線。
（→參考P.71之4）

4 製作袖子。

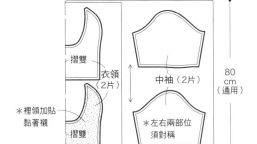

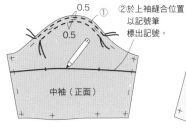

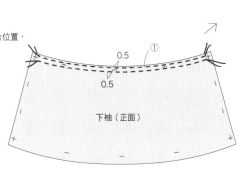

0.5
0.5
0.5
①兩記號間車縫
兩條粗針目縫線。
上袖（正面）
0.5
0.5

0.5
0.5
②於上袖縫合位置，
以記號筆
標出記號。
中袖（正面）

0.5
①
0.5
下袖（正面）

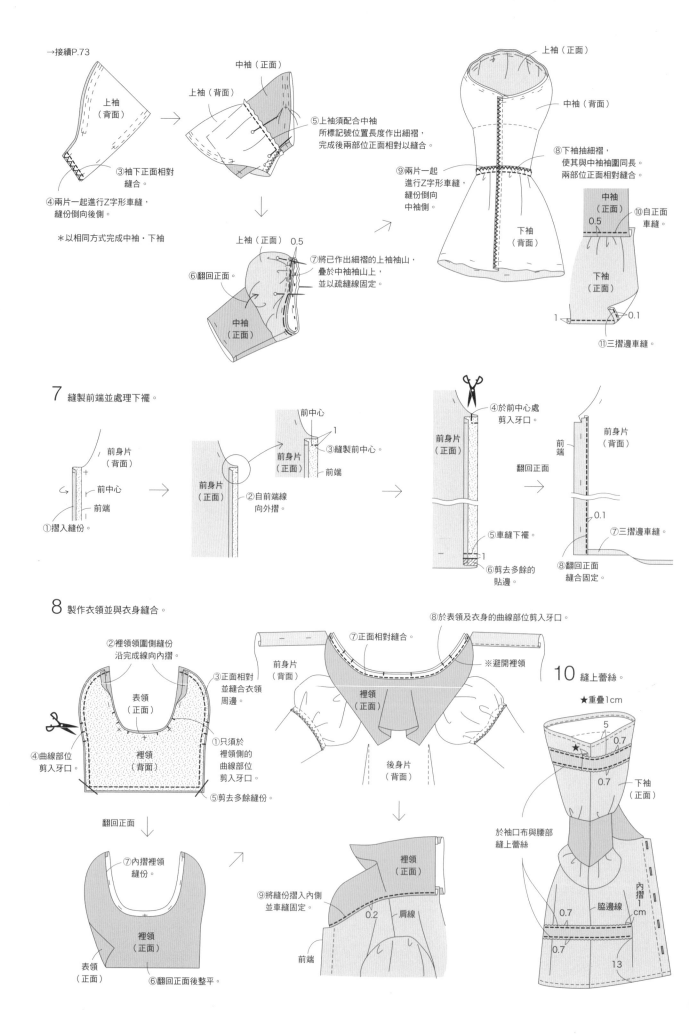

→接續P.73

上袖（背面）

③袖下正面相對縫合。

④兩片一起進行Z字形車縫，縫份倒向後側。

＊以相同方式完成中袖‧下袖

中袖（正面）

上袖（背面）

⑤上袖須配合中袖所標記號位置長度作出細褶，完成後兩部位正面相對以縫合。

⑥翻回正面。

上袖（正面）0.5

中袖（正面）

⑦將已作出細褶的上袖袖山，疊於中袖袖山上，並以疏縫線固定。

上袖（正面）

中袖（背面）

⑨兩片一起進行Z字形車縫，縫份倒向中袖側。

下袖（背面）

⑧下袖抽細褶，使其與中袖袖圍同長。兩部位正面相對縫合。

中袖（正面）0.5

⑩自正面車縫。

下袖（正面）

1　0.1

⑪三摺邊車縫。

7 縫製前端並處理下襬。

前身片（背面）

前中心

前端

①摺入縫份。

前身片（正面）

②自前端線向外摺。

前中心　1

前身片（正面）

③縫製前中心。

前端

前身片（正面）

④於前中心處剪入牙口。

前端

⑤車縫下襬。

1

⑥剪去多餘的貼邊。

翻回正面

前身片（背面）

0.1

⑦三摺邊車縫。

⑧翻回正面縫合固定。

8 製作衣領並與衣身縫合。

②裡領領圍側縫份沿完成線向內摺。

表領（正面）

③正面相對並縫合衣領周邊。

①只須於裡領側的曲線部位剪入牙口。

④曲線部位剪入牙口。

裡領（背面）

⑤剪去多餘縫份。

翻回正面

表領（正面）

⑦內摺裡領縫份。

裡領（正面）

⑥翻回正面後整平。

前身片（背面）

⑦正面相對縫合。

裡領（正面）

後身片（背面）

⑧於表領及衣身的曲線部位剪入牙口。

※避開裡領

裡領（正面）

0.2　肩線

前端

⑨將縫份摺入內側並車縫固定。

10 縫上蕾絲。

★重疊1cm

5　0.7

★　0.7

下袖（正面）

於袖口布與腰部縫上蕾絲

脇邊線　0.7

內摺1cm

0.7　13

74

7. 皮革短褲

《 原寸紙型 》

C面 8-1前褲管・8-2後褲管・8-3右前褲腰・8-4左前褲腰・
8-5後褲腰・8-6持出布・8-7貼邊

《 完成尺寸 》由左至右為S／M／L／LL

腰圍　78.5/81.5/84.5/87.5cm
臀圍　91.5/94.5/97.5/100.5cm
褲長　20.5/21/21.5/22cm

《 材料 》

・合成漆皮　寬110cm×80cm（各尺寸通用）
・前鉤環　2組
・長7cm 平織拉鍊　1條

裁布圖

合成漆皮

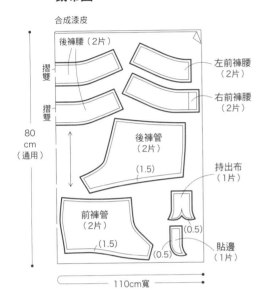

後褲腰（2片）
左前褲腰（2片）
右前褲腰（2片）
摺雙
摺雙
80cm（通用）
後褲管（2片）（1.5）
持出布（1片）
前褲管（2片）（1.5）
貼邊（1片）
（0.5）（0.5）
110cm寬

＊（　）內為縫份寬度。除指定處之外，
　　縫份皆為1cm。
＊合成塑膠皮革類的素材容易遇熱融化，
　　因此不可以熨斗熨燙。
　　若不喜歡縫份浮起，可以縫紉機壓布腳壓平。
＊圖中無特別指定的數字單位皆為cm。

製作順序

1 參考裁布圖裁布。

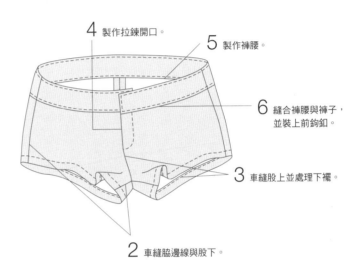

4 製作拉鍊開口。
5 製作褲腰。
6 縫合褲腰與褲子，並裝上前鉤釦。
3 車縫股上並處理下襬。
2 車縫脇邊線與股下。

2 車縫脇邊線與股下。

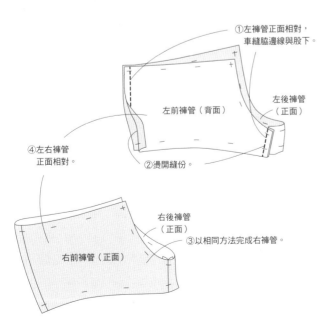

①左褲管正面相對，車縫脇邊線與股下。
左前褲管（背面）
左後褲管（正面）
④左右褲管正面相對。
②燙開縫份。
右後褲管（正面）
③以相同方法完成右褲管。
右前褲管（正面）

3 車縫股上並處理下襬。

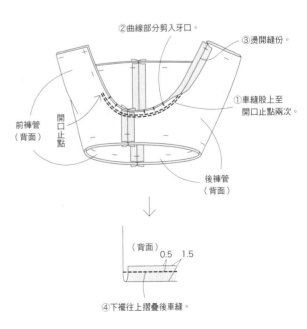

②曲線部分剪入牙口。
③燙開縫份。
①車縫股上至開口止點兩次。
前褲管（背面）
開口止點
後褲管（背面）
（背面）0.5　1.5
④下襬往上摺疊後車縫。

4 製作拉鍊開口。

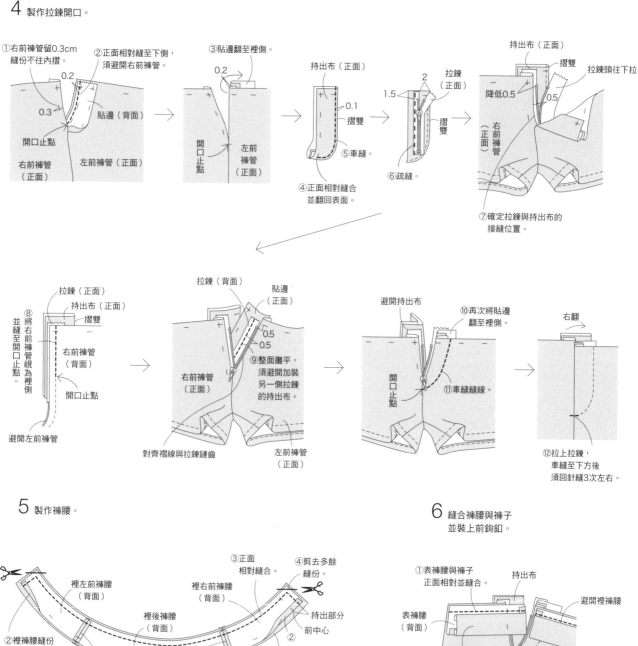

①右前褲管留0.3cm縫份不往內摺。

0.2

0.3

開口止點

右前褲管（正面）

左前褲管（正面）

貼邊（背面）

②正面相對縫至下側，須避開右前褲管。

③貼邊翻至裡側。

0.2

開口止點

左前褲管（正面）

持出布（正面）

0.1

摺雙

④正面相對縫合並翻回表面。

⑤車縫。

1.5

2

拉鍊（正面）

摺雙

⑥疏縫。

持出布（正面）

摺雙

拉鍊頭往下拉

降低0.5

0.5

（右前褲管正面）

⑦確定拉鍊與持出布的接縫位置。

⑧將右前褲管視為裡側，並縫至開口止點。

拉鍊（正面）

持出布（正面）

摺雙

右前褲管（背面）

開口止點

避開左前褲管

拉鍊（背面）

貼邊（正面）

0.5

0.5

右前褲管（正面）

⑨整面攤平，須避開加裝另一側拉鍊的持出布。

對齊摺線與拉鍊鏈齒

左前褲管（正面）

避開持出布

⑩再次將貼邊翻至裡側。

開口止點

⑪車縫縫線。

右翻

⑫拉上拉鍊，車縫至下方後須回針縫3次左右。

5 製作褲腰。

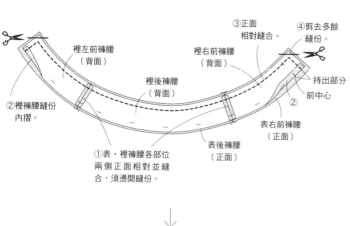

裡左前褲腰（背面）

裡後褲腰（背面）

③正面相對縫合。

裡右前褲腰（背面）

④剪去多餘縫份。

持出部分

前中心

②

表右前褲腰（正面）

②裡褲腰縫份內摺。

表後褲腰（正面）

①表・裡褲腰各部位兩側正面相對並縫合，須燙開縫份。

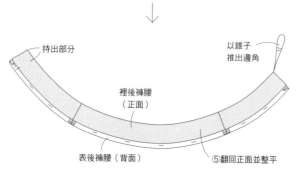

持出部分

以錐子推出邊角

裡後褲腰（正面）

表後褲腰（背面）

⑤翻回正面並整平

6 縫合褲腰與褲子並裝上前鉤釦。

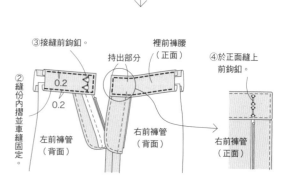

①表褲腰與褲子正面相對並縫合。

表褲腰（背面）

裡褲腰（正面）

持出布

避開裡褲腰

前褲管（正面）

②縫份內摺並車縫固定。

③接縫前鉤釦。

0.2

0.2

左前褲管（背面）

持出部分

右前褲管（背面）

裡前褲腰（正面）

④於正面縫上前鉤釦。

右前褲管（正面）

9. 箱型褶裙

《原寸紙型》
B面 6-1前裙片・6-2後裙片・6-3裙腰

《完成尺寸》 由左至右為S／M／L／LL

腰圍　63/66/69/72cm
裙長　36.5/37.5/38.5/39.5cm

《材料》
・格紋棉布　寬112cm×95／100／105／110cm
・前鉤釦　1組
・2.5cm寬 腰帶襯　80cm
・長20cm 平織拉鍊　1條

裁布圖

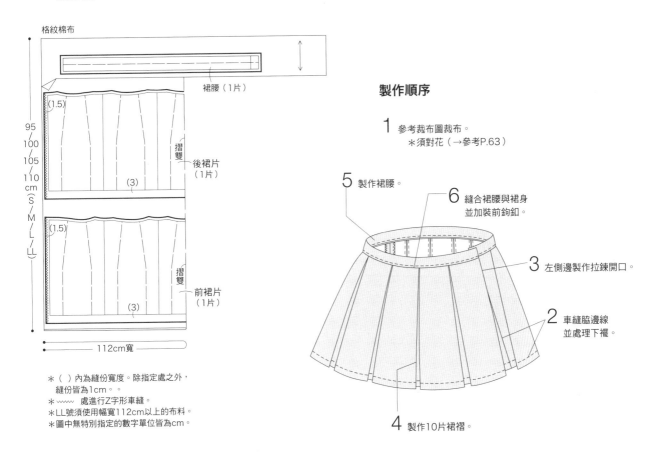

格紋棉布

裙腰（1片）

(1.5)

95
100
105
110
cm
（S／M／L／LL）

摺雙

後裙片
（1片）

(3)

(1.5)

摺雙

前裙片
（1片）

(3)

112cm寬

＊（　）內為縫份寬度。除指定處之外，
　縫份皆為1cm。。
＊〜〜〜〜 處進行Z字形車縫。
＊LL號須使用幅寬112cm以上的布料。
＊圖中無特別指定的數字單位皆為cm。

製作順序

1　參考裁布圖裁布。
　　＊須對花（→參考P.63）

5　製作裙腰。

6　縫合裙腰與裙身
　　並加裝前鉤釦。

3　左側邊製作拉鍊開口。

2　車縫脇邊線
　　並處理下襬

4　製作10片裙褶。

2　車縫脇邊線並處理下襬。

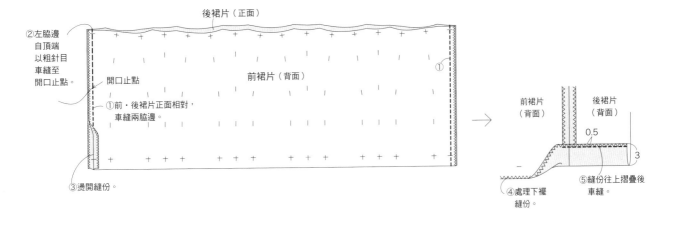

後裙片（正面）

②左脇邊
　自頂端
　以粗針目
　車縫至
　開口止點。

開口止點

前裙片（背面）

①前・後裙片正面相對，
　車縫兩脇邊。

③燙開縫份。

前裙片
（背面）

後裙片
（背面）

0.5

3

④處理下襬
　縫份。

⑤縫份往上摺疊後
　車縫。

3 左側邊製作拉鍊開口。

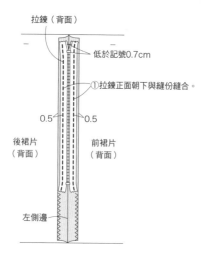

拉鍊（背面）

低於記號0.7cm

①拉鍊正面朝下與縫份縫合。

0.5　　0.5

後裙片（背面）　　前裙片（背面）

左側邊

前裙片（正面）

②拆去粗針目縫線。

左脇邊

4 製作10片裙褶。

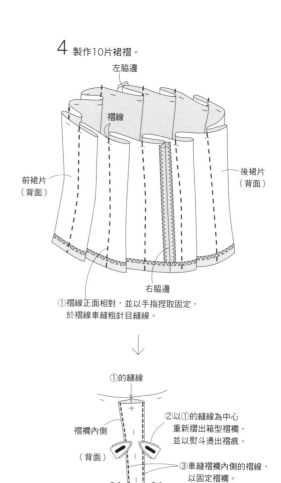

左脇邊

褶線

前裙片（背面）

後裙片（背面）

右脇邊

①褶線正面相對，並以手指捏取固定，於褶線車縫粗針目縫線。

①的縫線

褶襉內側（背面）

②以①的縫線為中心重新摺出箱型褶襉，並以熨斗燙出褶痕。

③車縫褶襉內側的褶線，以固定褶襉。

0.1　　0.1

5 製作裙腰。

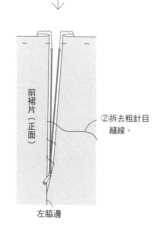

持出部分　　裙腰（背面）

0.1

①於裡裙腰背面疊上腰帶襯並縫合。

③正面相對，縫合兩端。

摺雙

②摺入裡裙腰側的縫份。

②

＊注意，不可縫到腰帶襯

④翻回正面後整平。

持出部分　　摺雙　　裙腰（正面）

6 縫合裙腰與裙身並加裝前鉤釦。

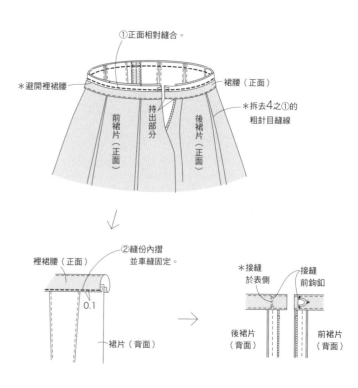

①正面相對縫合。

＊避開裡裙腰

裙腰（正面）

持出部分

前裙片（正面）

後裙片（正面）

＊拆去4之①的粗針目縫線

裡裙腰（正面）

②縫份內摺並車縫固定。

0.1

裙片（背面）

＊接縫於表側

接縫

前鉤釦

後裙片（背面）　　前裙片（背面）

8. 西裝外套

《原寸紙型》

C面 9-1前身片・9-2前側身片・9-3後身片・9-4後側身片・9-5貼邊・
9-6衣領・9-7外袖・9-8內袖・9-9口袋

《完成尺寸》 由左至右為S／M／L／LL

胸圍　90.5/93.5/96.5/99.5cm
衣長　53.2/54.4/55.6/56.8cm

《材料》

・聚酯斜紋布　寬150cm×140／150／150／150cm
・黏著襯　寬90cm×65cm（各尺寸通用）
・直徑2cm 鈕釦　2個
・墊肩　1組

裁布圖

聚酯斜紋布

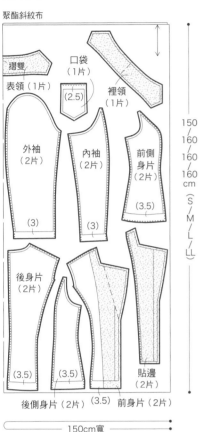

摺雙
表領（1片）
口袋（1片）
(2.5)
裡領（1片）
外袖（2片）
內袖（2片）
前側身片（2片）
(3)
(3)
(3.5)
150／160／160／160cm
（S／M／L／LL）
後身片（2片）
貼邊（2片）
(3.5)
後側身片（2片）
(3.5)
(3.5)
前身片（2片）

— 150cm寬 —

＊（　）內為縫份寬度。除指定處之外，
　縫份皆為1cm。
＊ 黏貼黏著襯。
＊ ～～～ 處進行Z字形車縫。
＊圖中無特別指定的數字單位皆為cm。

製作順序

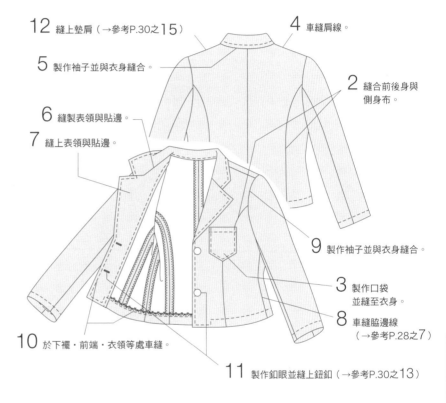

1　參考裁布圖裁布並於指定位置貼上黏著襯。
　進行Z字形車縫。

12　縫上墊肩（→參考P.30之15）

5　製作袖子並與衣身縫合。

6　縫製表領與貼邊。

7　縫上表領與貼邊。

4　車縫肩線。

2　縫合前後身與側身布。

9　製作袖子並與衣身縫合。

3　製作口袋並縫至衣身。

8　車縫脇邊線（→參考P.28之7）

10　於下襬・前端・衣領等處車縫。

11　製作釦眼並縫上鈕釦（→參考P.30之13）

How to make

2　縫合前後身與側身布。

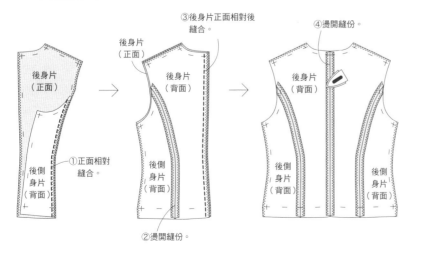

後身片（正面）
①正面相對縫合。
後側身片（背面）

②燙開縫份。

後身片（正面）
後側身片（背面）

③後身片正面相對後縫合。
後身片（背面）
後側身片（背面）

④燙開縫份。
後身片（背面）
後側身片（背面）

＊以相同方式完成前身片與前側身片

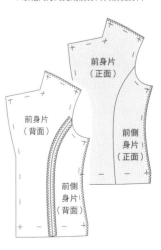

前身片（正面）
前身片（背面）
前側身片（正面）
前側身片（背面）

3 製作口袋並縫至衣身。

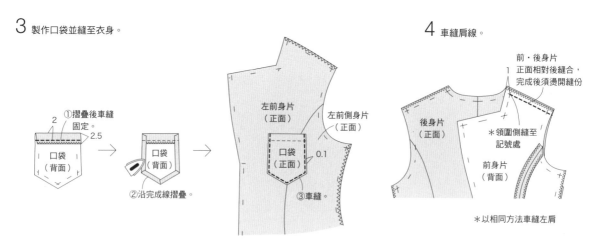

①摺疊後車縫
固定。

2
2.5

口袋
（背面）

口袋
（背面）

②沿完成線摺疊。

左前身片
（正面）

左前側身片
（正面）

口袋
（正面）

0.1

③車縫。

4 車縫肩線。

前・後身片
1 正面相對後縫合，
完成後須燙開縫份

後身片
（正面）

＊領圍側縫至
記號處

前身片
（背面）

＊以相同方法車縫左肩

5 製作袖子並與衣身縫合。

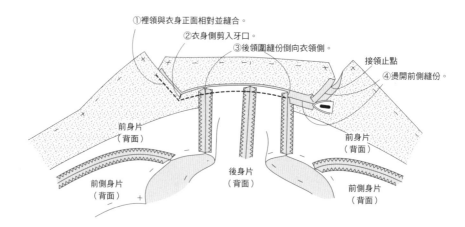

①裡領與衣身正面相對並縫合。

②衣身側剪入牙口。

③後領圍縫份倒向衣領側。

接領止點

④燙開前側縫份。

前身片
（背面）

前側身片
（背面）

後身片
（背面）

前身片
（背面）

前側身片
（背面）

6 縫製表領與貼邊。

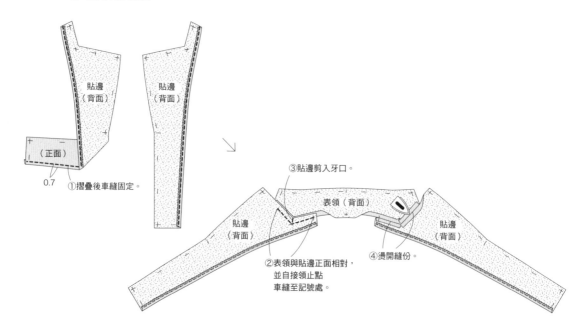

貼邊
（背面）

貼邊
（背面）

（正面）

0.7 ①摺疊後車縫固定。

③貼邊剪入牙口。

表領（背面）

貼邊
（背面）

貼邊
（背面）

②表領與貼邊正面相對，
並自接領止點
車縫至記號處。

④燙開縫份。

7 縫上表領與貼邊。

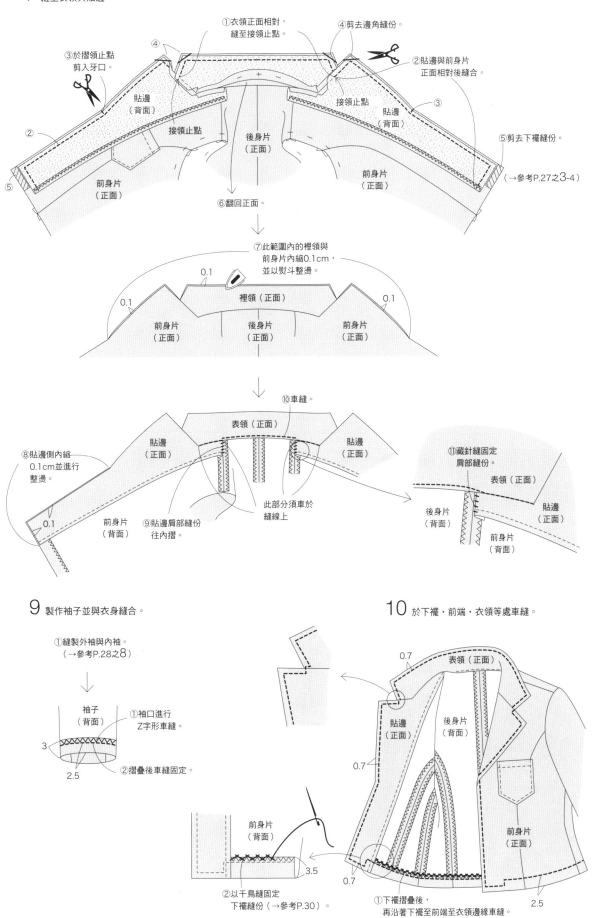

①衣領正面相對，
縫至接領止點。

④剪去邊角縫份。

③於摺領止點
剪入牙口。

④

②貼邊與前身片
正面相對後縫合。

貼邊
（背面）

接領止點

貼邊
（背面）

③

②

接領止點

接領止點

後身片
（正面）

⑤剪去下襬縫份。

⑤

前身片
（正面）

前身片
（正面）

（→參考P.27之3-4）

⑥翻回正面。

⑦此範圍內的裡領與
前身片內縮0.1cm，
並以熨斗整燙。

0.1

0.1

0.1

裡領（正面）

前身片
（正面）

後身片
（正面）

前身片
（正面）

⑩車縫。

表領（正面）

⑧貼邊側內縮
0.1cm並進行
整燙。

貼邊
（正面）

貼邊
（正面）

⑪藏針縫固定
肩部縫份。

表領（正面）

0.1

前身片
（背面）

⑨貼邊肩部縫份
往內摺。

此部分須車於
縫線上。

後身片
（背面）

貼邊
（正面）

前身片
（背面）

9 製作袖子並與衣身縫合。

①縫製外袖與內袖。
（→參考P.28之8）

袖子
（背面）

①袖口進行
Z字形車縫。

3

2.5

②摺疊後車縫固定。

前身片
（背面）

3.5

②以千鳥縫固定
下襬縫份（→參考P.30）。

10 於下襬・前端・衣領等處車縫。

0.7

表領（正面）

貼邊
（正面）

後身片
（背面）

0.7

0.7

前身片
（正面）

前身片
（正面）

0.7

①下襬摺疊後，
再沿著下襬至前端至衣領邊緣車縫。

2.5

18. 運動服（下）

P.23

《 原寸紙型 》

E面 18-1 前褲管・18-2 後褲管・18-3口袋布・口袋向布

《 完成尺寸 》 由左至右為S／M／L／LL

腰圍 68cm（須配合穿用者腰圍調整）

褲長 93/94/95/96cm

《 材料 》

・雙向針織布 寬150cm×長140cm（各尺寸通用）
・3cm寬 鬆緊帶 80cm
・1cm寬 止伸襯布條 70cm
・針織布專用車針
・針織布專用車縫線

裁布圖

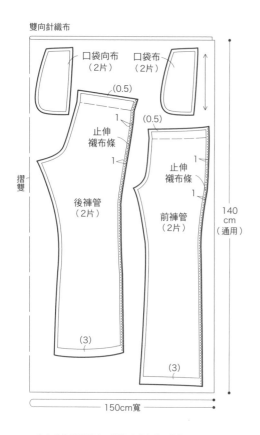

* （ ）內為縫份寬度。除指定處之外，皆為1.2cm。
* ▨▨▨ 須黏貼黏著襯。
* ～～～ 處進行Z字形車縫。
* 圖中無特別指定的數字單位皆為cm。

製作順序

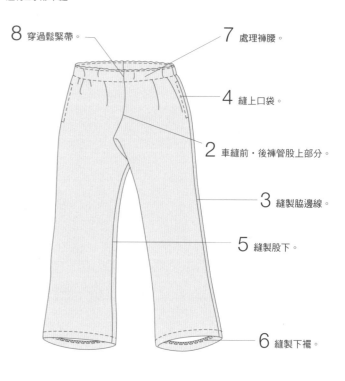

1 參考裁布圖裁布
並於指定位置貼上止伸襯布條。
進行Z字形車縫。

8 穿過鬆緊帶。

7 處理褲腰。

4 縫上口袋。

2 車縫前・後褲管股上部分。

3 縫製脇邊線。

5 縫製股下。

6 縫製下襬。

2 車縫前・後褲管股上部分。

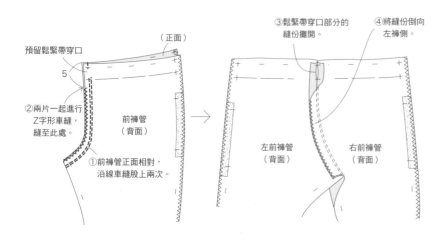

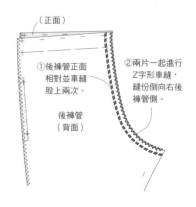

3 縫製脇邊線。

後褲管（正面）

口袋口不縫

前褲管
（背面）

②前後褲管正面相對
縫合並燙開縫份。

①進行Z字形車縫。

③進行Z字形車縫。

4 縫上口袋。

①縫至
前褲管
縫份上

後褲管
（背面）

②袋布縫份
剪入牙口。

口袋口
兩端

0.9

袋布
（背面）

③袋布倒向
前褲管側。

後褲管
（背面）

1.2

側邊

後褲管
（背面）

0.7

前褲管
（背面）

④口袋口縫成
ㄇ字形。

袋布
（正面）

⑧三片一起進行
Z字形車縫。

⑨自前褲管表面於
口袋口上下車縫補強
（約須回針縫3次）。

袋布（正面）

後褲管
（背面）

前褲管
（背面）

⑦口袋向布正面相對，
並同時與後褲管縫份
縫合。

1

口袋向布
（背面）

⑥兩片一起
進行Z字形
車縫。

⑤袋布與裡布
正面相對
並縫合。

保留1cm不縫

5 縫製股下。

前褲管
（背面）

①前褲管與後褲管
正面相對以車縫股下。

②燙開縫份。

後褲管
（正面）

6 縫製下襬。

（背面）

2.5

摺疊後
車縫固定

7 處理褲腰。

②摺疊後夾入口袋縫份
並同時車縫固定。

3.7   0.2

後褲管 （正面）

③車縫。

口袋
向布

前褲管
（背面）

口袋
向布

①縫份進行
Z字形車縫。

8 穿過鬆緊帶。

穿過鬆緊帶。
帶頭重疊3cm車縫固定。

（背面）

⑨補強縫線。

前褲管
（正面）

How to make

14. Cummer西式小背心

《原寸紙型》

D面 14-1前身片・14-2背中・14-3繞領帶

《完成尺寸》 由左至右為S／M／L／LL

腰圍　74.5／77.5／80.5／83.5cm

衣長　56.3／57.6／58.3／60cm

《材料》

・聚酯斜紋布　寬150cm×75cm（各尺寸通用）

・黏著襯　寬90cm×70cm

・2.5cm寬 魔鬼氈　5cm

・直徑1.8cm 鈕釦　4個

裁布圖

聚酯斜紋布

表背中（1片）

表前身片（2片）

摺雙

摺雙

裡背中（1片）

表繞領帶（2片）

裡繞領帶（2片）

裡前身片（2片）

75cm（通用）

150cm寬

＊縫份1cm。

＊ 須黏貼黏著襯。

（粗裁後須先貼上黏著襯，
再放上紙型進行裁剪。）

＊圖中無特別指定的數字單位皆為cm。

製作順序

1 參考裁布圖裁布。表前身片・表背中・
表繞領帶部分須先進行粗裁，
待貼上黏著襯後再進行正式裁剪。

2 車縫褶子。

3 表背中與表繞領帶縫至表前身片。

4 表裡衣身正面相對並縫

5 於下襬・前端・領圍等處車縫。

6 縫上魔鬼氈。

7 製作釦眼並縫上鈕釦
（→參考P.15之12・P.65）

2 車縫褶子。

表前身片（背面）

①正面相對後車縫此線。

（正面）

②褶子倒向前中心側。

表前身片（背面）

表前身片（背面）

＊以相同方法完成裡前身片

3 表背中與表繞領帶縫至表前身片。

表繞領帶（背面）

②燙開縫份。

①表前身片與表繞領帶正面相對以縫製肩線。

表前身片（背面）

表繞領帶（背面）

表前身片（正面）

③表前身片與表背中正面相對，並於兩記號間車縫以縫合脇邊。

表背中（背面）

④燙開縫份。

＊以相同方法完成裡衣身

4 表裡衣身正面相對並縫合。

表衣身（正面）

①表裡衣身正面相對。

裡繞領帶（正面）

②車縫周邊，須預留返口。

裡衣身（背面）

③弧線處剪入牙口。

裡背中（背面）

返口10

⑤翻回正面。

④沿著縫線邊緣摺入縫份。

5 於下襬・前端・領圍等處車縫。

①沿著周邊進行疏縫。

②沿著周邊車縫。

0.3

表衣身（正面）

6 縫上魔鬼氈。

2.5　5

魔鬼氈（軟）

裡繞領帶（正面）

0.5（硬）

表繞領帶（正面）

表衣身（正面）

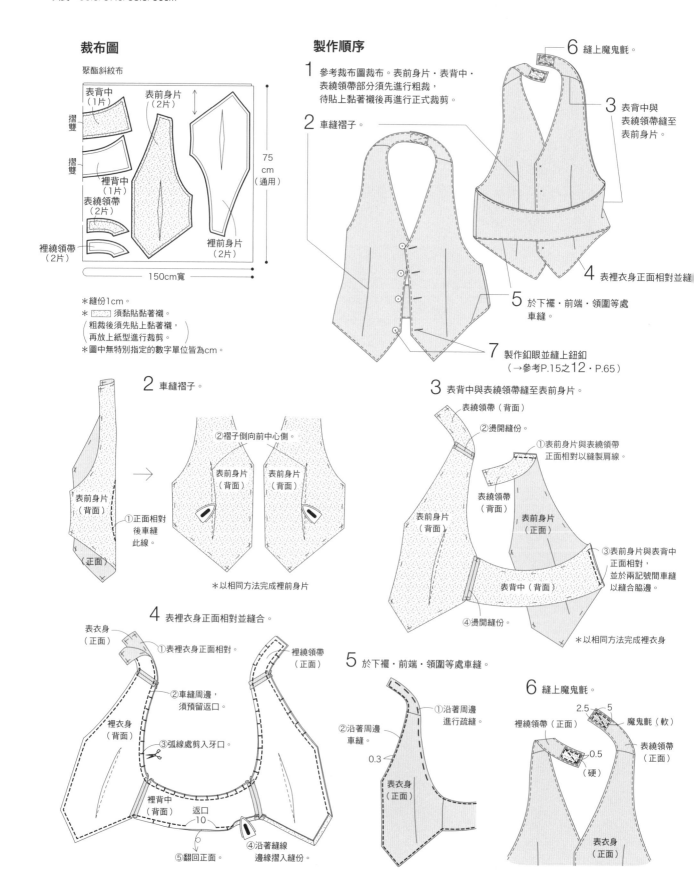

《原寸紙型》
C面 11-1胸衣・11-2前褲・11-3後褲

《完成尺寸》 由左至右為S／M／L／LL
褲腰
鬆緊帶未拉開尺寸 57／60／63／66cm

《材料》
・雙向彈性布　寬130cm×65cm（各尺寸通用）
・1cm寬　鬆緊帶 59／62／65／68cm
・0.5cm寬　鬆緊帶 90／94／98／102cm
・胸墊　1組
・針織布專用車針
・針織布專用車縫線

裁布圖

雙向彈性布

胸繩
3×53（2片）
頸繩
3×32（2片）
裡胸衣（2片）
摺雙
表胸衣（2片）

(0)
(0)
(0)
(0)

前褲（1片）（2）
(0.7)　(0.7)

後褲（1片）（2）
(0.7)　(0.7)

65cm（通用）

130cm寬

＊（ ）內為縫份寬度。除指定處之外，
　縫份皆為1cm。
＊圖中無特別指定的數字單位皆為cm。

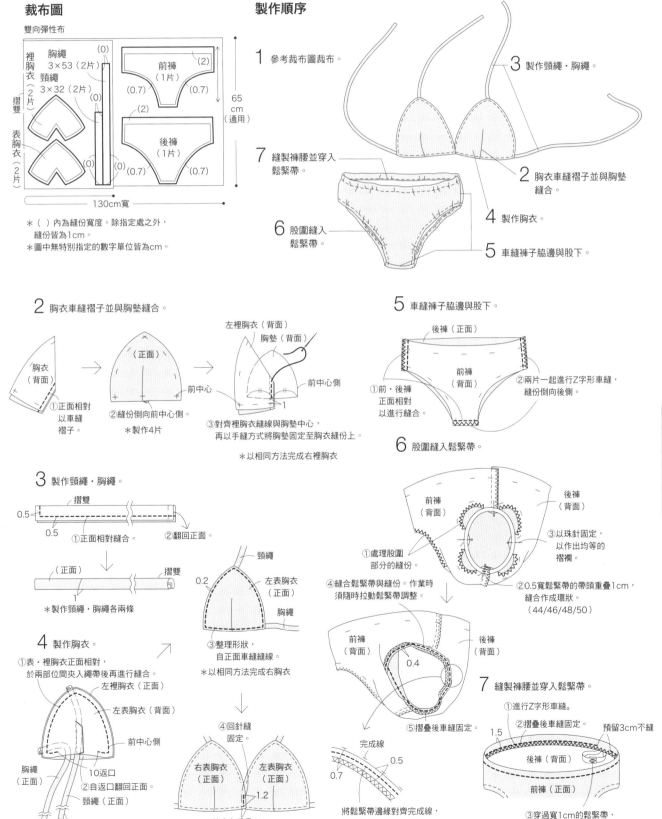

製作順序

1 參考裁布圖裁布。

3 製作頸繩・胸繩。

2 胸衣車縫褶子並與胸墊縫合。

4 製作胸衣。

5 車縫褲子脇邊與股下。

6 股圍縫入鬆緊帶。

7 縫製褲腰並穿入鬆緊帶。

2 胸衣車縫褶子並與胸墊縫合。

胸衣（背面）
①正面相對以車縫褶子。

→

（正面）
②縫份倒向前中心側。
＊製作4片

→

左裡胸衣（背面）
胸墊（背面）
前中心
前中心側
1
③對齊裡胸衣縫線與胸墊中心，
再以手縫方式將胸墊固定至胸衣縫份上。
＊以相同方法完成右裡胸衣

3 製作頸繩・胸繩。

摺雙
0.5
0.5
①正面相對縫合。
②翻回正面。

（正面）
摺雙
1
＊製作頸繩・胸繩各兩條

4 製作胸衣。
①表・裡胸衣正面相對，
於兩部位間夾入繩帶後再進行縫合。
左裡胸衣（正面）
左表胸衣（背面）
前中心側
胸繩（正面）
10返口
②自返口翻回正面。
頸繩（正面）
摺雙

頸繩
0.2
左表胸衣（正面）
胸繩
③整理形狀，
自正面車縫縫線。
＊以相同方法完成右胸衣

④回針縫固定。
右表胸衣（正面）　左表胸衣（正面）
1.2
前中心重疊0.4

5 車縫褲子脇邊與股下。
後褲（正面）
前褲（背面）
①前・後褲正面相對以進行縫合。
②兩片一起進行Z字形車縫，縫份倒向後側。

6 股圍縫入鬆緊帶。
前褲（背面）
後褲（背面）
①處理股圍部分的縫份。
③以珠針固定，以作出均等的褶襇。
④縫合鬆緊帶與縫份。作業時須隨時拉動鬆緊帶調整。
②0.5寬鬆緊帶的帶頭重疊1cm，縫合作成環狀。（44／46／48／50）

前褲（背面）
後褲（背面）
0.4
⑤摺疊後車縫固定。

完成線
0.5
0.7
將鬆緊帶邊緣對齊完成線，並車縫鬆緊帶中央固定。

7 縫製褲腰並穿入鬆緊帶。
①進行Z字形車縫。
②摺疊後車縫固定。
預留3cm不縫
1.5
後褲（背面）
前褲（正面）
③穿過寬1cm的鬆緊帶，兩端帶頭重疊2cm後縫合。

How to make

P.21　13. 立領外套

《原寸紙型》

D面13-1前身片・13-2前側身片・13-3後身片・13-4後側身片・
13-5外袖・13-6內袖・13-7衣領

《完成尺寸》 由左至右為S／M／L／LL

胸圍　93.8/96.8/99.8/102.8cm
衣長　83.5/85/86/87.5cm
腰圍　76.5/79.5/82.5/85.5cm
袖長　58/59/60/61cm

《材料》

・化纖斜紋布　寬150cm×180/180/185/190cm
・黏著襯　50cm×100cm（各尺寸通用）
・開口拉鍊　79/80/80.5/81.5cm
・墊肩　1組

裁布圖

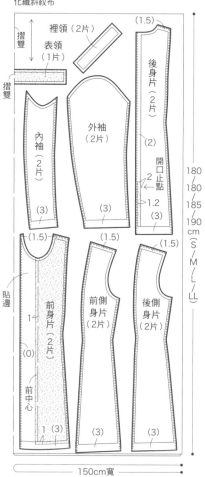

化纖斜紋布

＊（ ）內為縫份寬度。除指定處之外，縫份皆為1cm。
＊ ┊┊┊┊ 須黏貼黏著襯。
＊ wwww 處進行Z字形車縫。
＊圖中無特別指定的數字單位皆為cm。

製作順序

1 參考裁布圖裁布，於指定位置貼上黏著襯
並進行Z字形車縫。

11 縫上墊肩。
（→參考P.30之15）

5 製作衣領並與衣身縫合。

4 車縫肩線。
（→參考P.27之4）

7 製作袖子
並與衣身縫合。
（→參考P.28之8）

8 處理袖口布。
（→參考P.29之9）

3 處理貼邊。

6 車縫脇邊線。
（→參考P.28之7）

9 處理下襬。

10 接縫開口拉鍊。

2 縫合前後身片與側身片。
（→參考P.26之2）

3 處理貼邊。

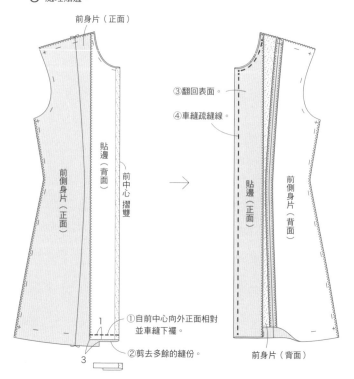

③翻回表面。

④車縫疏縫線。

①自前中心向外正面相對
並車縫下襬。

②剪去多餘的縫份。

前身片（背面）

5 製作衣領並與衣身縫合。

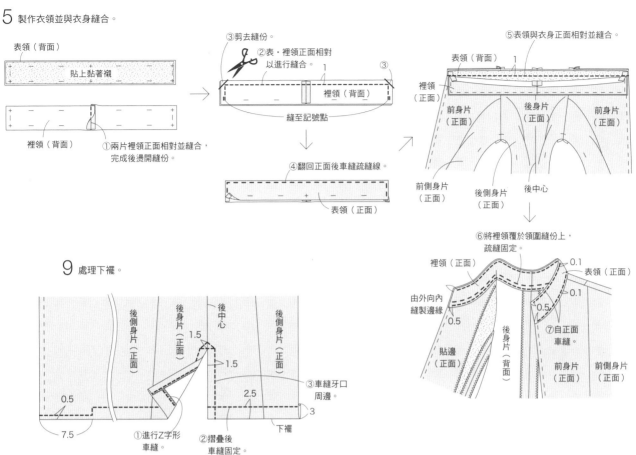

表領（背面）

貼上黏著襯

裡領（背面）

①兩片裡領正面相對並縫合，
完成後燙開縫份。

③剪去縫份。

②表・裡領正面相對
以進行縫合。

裡領（背面）

縫至記號點

④翻回正面後車縫疏縫線。

表領（正面）

⑤表領與衣身正面相對並縫合。

表領（背面）

裡領（正面）

前身片（正面）

後身片（正面）

前身片（正面）

前側身片（正面）

後側身片（正面）

後中心

⑥將裡領覆於領圍縫份上，
疏縫固定。

裡領（正面）

由外向內
縫製邊緣

0.5

貼邊（正面）

0.1

表領（正面）

0.1

0.5

後身片（背面）

⑦自正面
車縫。

前身片（正面）

前側身片（正面）

9 處理下襬。

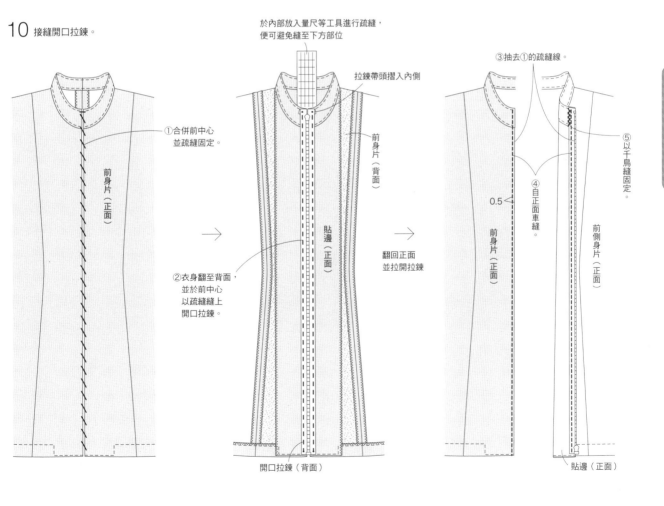

後側身片（正面）

後身片（正面）

後中心

1.5

1.5

後側身片（正面）

0.5

7.5

①進行Z字形
車縫。

②摺疊後
車縫固定。

2.5

下襬

3

③車縫牙口
周邊。

10 接縫開口拉鍊。

前身片（正面）

①合併前中心
並疏縫固定。

②衣身翻至背面，
並於前中心
以疏縫縫上
開口拉鍊。

於內部放入量尺等工具進行疏縫，
便可避免縫至下方部位

拉鍊帶頭摺入內側

前身片（背面）

貼邊（正面）

翻回正面
並拉開拉鍊

開口拉鍊（背面）

③抽去①的疏縫線。

0.5

④自正面
車縫。

前身片（正面）

⑤以千鳥縫固定。

前側身片（正面）

貼邊（正面）

15. 男用襯衫（短袖）

P.22

《 原寸紙型 》

E面 15-1前身片・15-2後身片・15-3袖子・15-4領台・15-5表領・
15-6裡領・15-7肩章

《 完成尺寸 》 由左至右為S／M／L／LL

胸圍　94.7/97.7/100.7/103.7cm
衣長　62.5/63.8/65/66.3cm
袖長　22.4/23.4/24.4/25.4cm

《 材料 》

・T/C府綢　寬110cm×長150cm（各尺寸通用）
・黏著襯　50cm×20cm
・直徑1.5cm 鈕釦　2個
・直徑1cm 鈕釦　5個

裁布圖

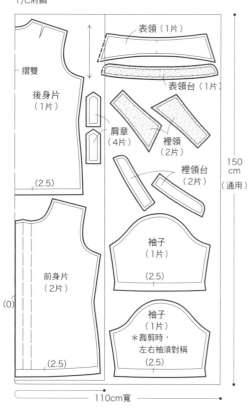

T/C府綢

摺雙

後身片
（1片）

表領（1片）

表領台（1片）

肩章
（4片）

裡領
（2片）

裡領台
（2片）

（2.5）

前身片
（2片）

袖子
（1片）

（2.5）

（0）

袖子
（1片）
＊裁剪時，
左右袖須對稱

（2.5）

（2.5）

150
cm
（通用）

110cm寬

＊（ ）內為縫份寬度。除指定處之外，縫份皆為1cm。
＊ 須黏貼黏著襯。
＊ wwww 處進行Z字形車縫。
＊圖中無特別指定的數字單位皆為cm。

製作順序

1 參考裁布圖裁布，於指定位置貼上黏著襯。
　並進行Z字形車縫。

4 車縫肩線。
　（→參考P.12之3）

5 製作衣領並與衣身縫合。
　（→參考P.14之10・P.15之11）

2 車縫肩部
　褶子。

8 製作肩章並縫至衣身上。

9 製作袖子並與衣身縫合。
　（→參考P.95之5）

10

車縫1cm

＊袖口布須以三摺邊處理，
　袖下縫份須倒向後側。

6 縫製
　脇邊線

10 製作釦眼並縫上鈕釦。
　（→參考P.15之12・P.65）

7 處理側邊開叉與下襬。

3 處理前端。

2 車縫肩部褶子。

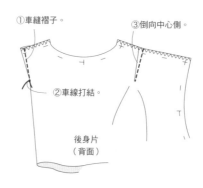

①車縫褶子。

③倒向中心側。

②車線打結。

後身片
（背面）

88

3 處理前端。

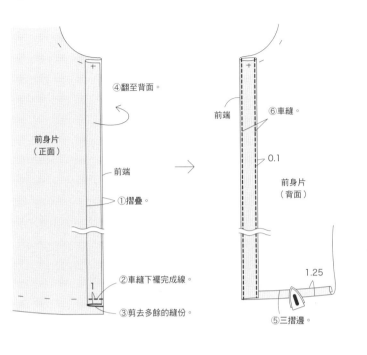

④翻至背面。

前身片
（正面）

前端

①摺疊。

②車縫下襬完成線。

③剪去多餘的縫份。

前端

⑥車縫。

0.1

前身片
（背面）

1.25

⑤三摺邊。

5 製作衣領並與衣身縫合。

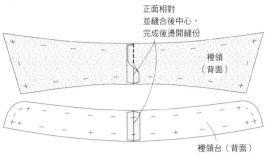

正面相對
並縫合後中心，
完成後燙開縫份

裡領
（背面）

裡領台（背面）

（接續步驟請參考P.14之10．P.15之11）

6 縫製脇邊線。

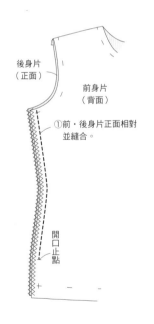

後身片
（正面）

前身片
（背面）

①前．後身片正面相對
並縫合。

開口
止點

7 處理側邊開叉與下襬。

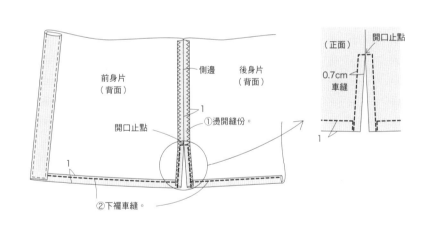

前身片
（背面）

側邊

後身片
（背面）

開口止點

①燙開縫份。

1

②下襬車縫。

（正面）

開口止點

0.7cm
車縫

1

8 製作肩章並縫至衣身上。

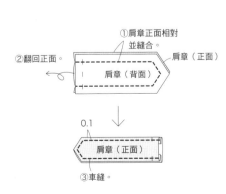

①肩章正面相對
並縫合。

②翻回正面。

肩章（背面）

肩章（正面）

0.1

肩章（正面）

③車縫。

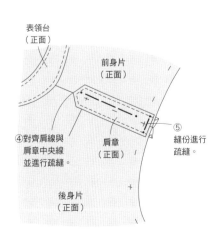

表領台
（正面）

前身片
（正面）

④對齊肩線與
肩章中央線
並進行疏縫。

肩章
（正面）

⑤
縫份進行
疏縫。

後身片
（正面）

How to make

16. 長袖襯衫

《原寸紙型》

E面 16-1前身片・16-2後身片・16-3袖子・16-4領台・16-5表領・
16-6裡領・16-7袖口布・16-8短冊・16-9持出布

《完成尺寸》由左至右為S／M／L／LL

胸圍　94.7/97.7/100.7/103.7cm

衣長　62.5/63.8/65/66.3cm

袖長　56/57/58/59cm

《材料》

・直紋棉麻布　寬110cm×長180cm（各尺寸通用）

・黏著襯　50cm×25cm

・直徑 1cm 鈕釦　7個

裁布圖

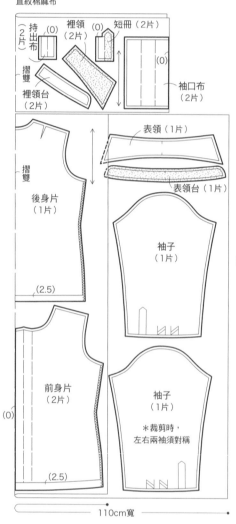

直紋棉麻布

持出布（2片）(0)　裡領(0)（2片）　短冊（2片）

摺雙　裡領台（2片）

袖口布（2片）(0)

摺雙

後身片（1片）

表領（1片）

表領台（1片）

袖子（1片）

(2.5)

前身片（2片）

袖子（1片）

*裁剪時，
左右兩袖須對稱

(0)

(2.5)

180cm（通用）

110cm寬

* （ ）內為縫份寬度。除指定處之外，縫份皆為1cm。
* ▨ 須黏貼黏著襯。
* ﹏ 處進行Z字形車縫。
* 圖中無特別指定的數字單位皆為cm。

製作順序

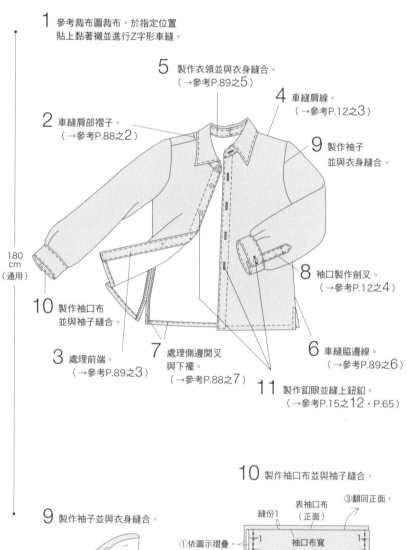

1 參考裁布圖裁布，於指定位置
貼上黏著襯並進行Z字形車縫。

5 製作衣領並與衣身縫合。
（→參考P.89之5）

4 車縫肩線。
（→參考P.12之3）

9 製作袖子
並與衣身縫合。

2 車縫肩部褶子。
（→參考P.88之2）

8 袖口製作劍叉。
（→參考P.12之4）

10 製作袖口布
並與袖子縫合。

3 處理前端。
（→參考P.89之3）

7 處理側邊開叉
與下襬。
（→參考P.88之7）

6 車縫脇邊線。
（→參考P.89之6）

11 製作釦眼並縫上鈕釦。
（→參考P.15之12・P.65）

9 製作袖子並與衣身縫合。

①正面相對
縫合。

袖子
（背面）

②兩片一起進行
Z字形車縫，
縫份倒向後側。

接縫袖子的方法（→參考P.95之5）

10 製作袖口布並與袖子縫合。

縫份1　表袖口布（正面）　③翻回正面

①依圖示摺疊。　袖口布寬

②兩端車縫固定。

表袖口布（背面）

裡袖口布（正面）

④整平周邊褶痕。

接縫袖口布的方法（→參考P.13之7）

⑤於袖口布周圍
進行車縫。

0.2

26. 內搭褲

《原寸紙型》
F面 23-1內搭褲

《材料》
・緊身衣布料（雙向彈性布）　寬150cm×長130cm（各尺寸通用）
・2cm寬 鬆緊帶 70cm
・針織布專用車針
・針織布專用車縫線

《完成尺寸》 由左至右為S／M／L／LL
腰圍　60cm（須配合穿著者腰圍調整）
衣長　111.5/112.5/113.5/114.5cm（腰部至趾尖長）

裁布圖

緊身衣布料（雙向彈性布）

(3)

內搭褲
（2片）

130 cm（通用）

摺雙

150cm寬

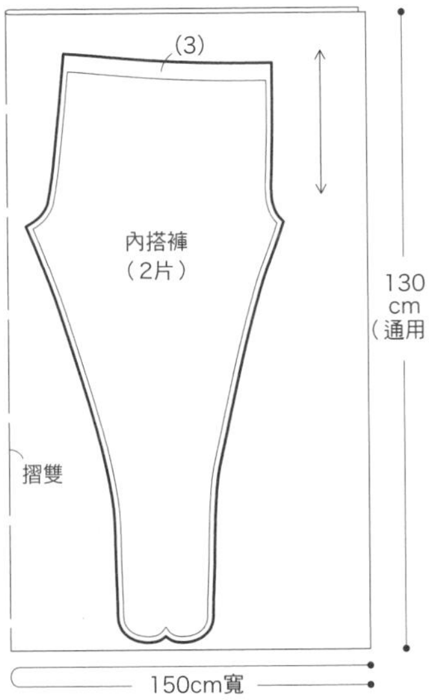

＊（ ）內為縫份寬度。
　除指定處之外，縫份皆為1cm。
＊圖中無特別指定的
　數字單位皆為cm。

製作順序

1 參考裁布圖裁布。

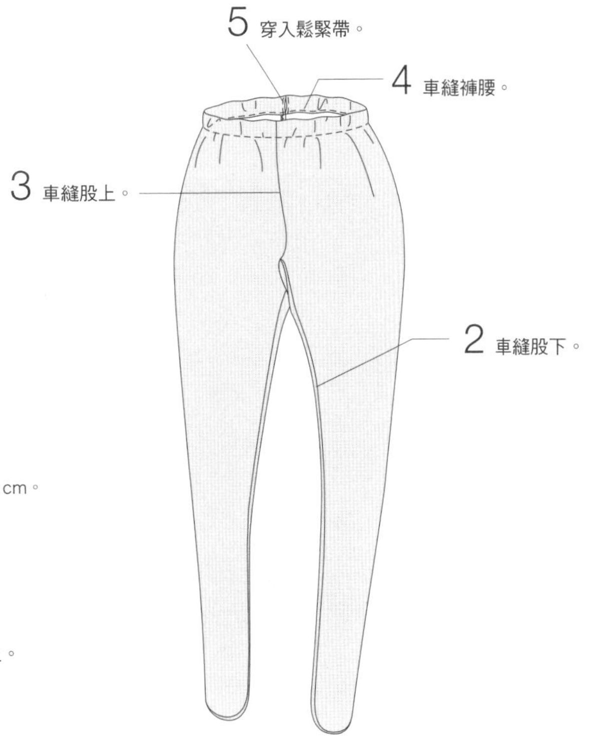

5 穿入鬆緊帶。
4 車縫褲腰。
3 車縫股上。
2 車縫股下。

2 車縫股下。

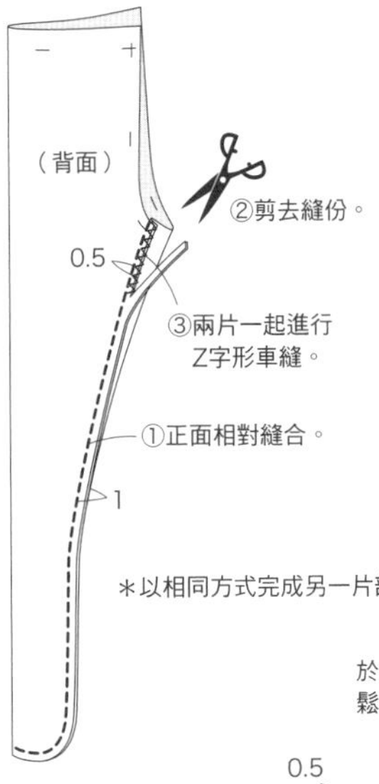

（背面）

②剪去縫份。
0.5
③兩片一起進行
Z字形車縫。
①正面相對縫合。
1

＊以相同方式完成另一片部位

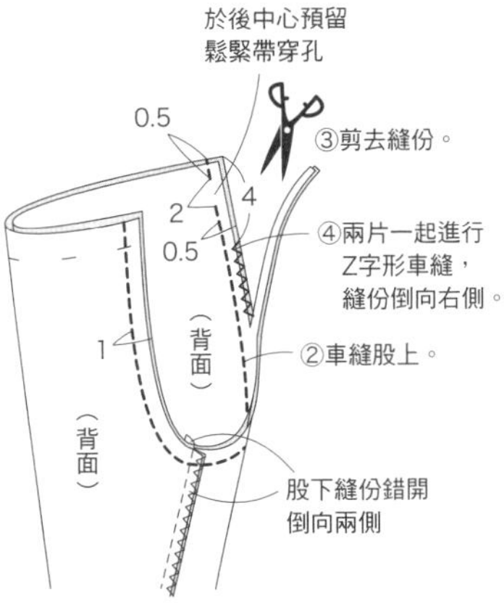

於後中心預留
鬆緊帶穿孔

0.5
③剪去縫份。
2
4
0.5
④兩片一起進行
Z字形車縫，
縫份倒向右側。
1
（背面）
②車縫股上。
（背面）
股下縫份錯開
倒向兩側

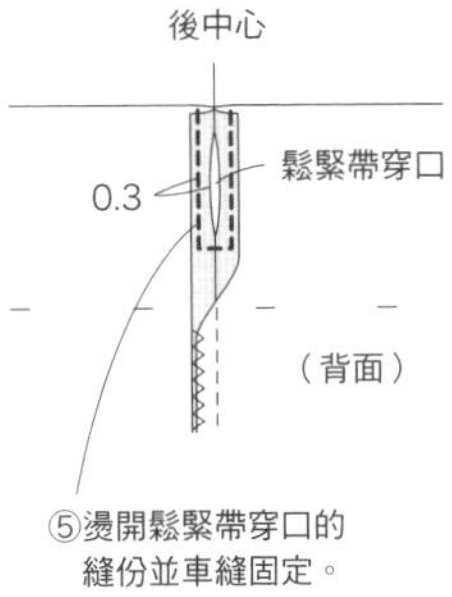

3 車縫股上。

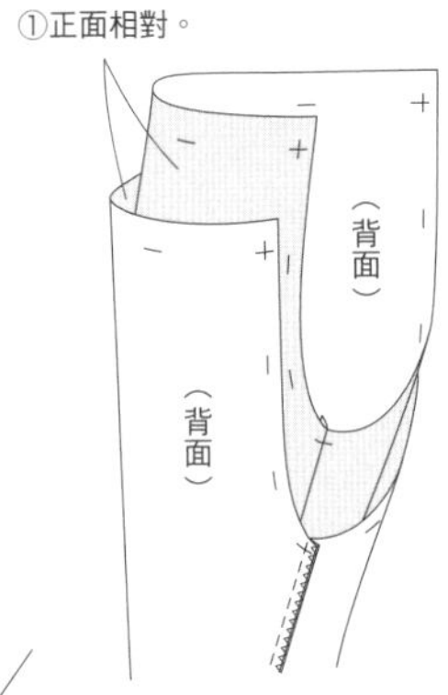

①正面相對。

（背面）
（背面）

後中心

0.3
鬆緊帶穿口
（背面）
⑤燙開鬆緊帶穿口的
縫份並車縫固定。

4 車縫褲腰。

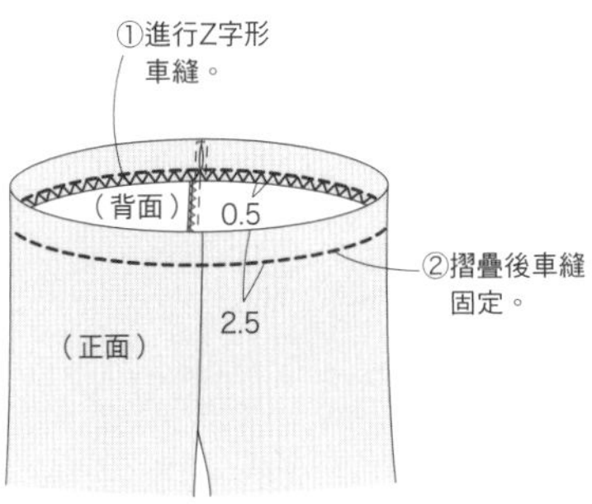

①進行Z字形
車縫。
（背面）
0.5
2.5
（正面）
②摺疊後車縫
固定。

5 穿入鬆緊帶。

帶頭重疊2cm並縫合固定
（背面）

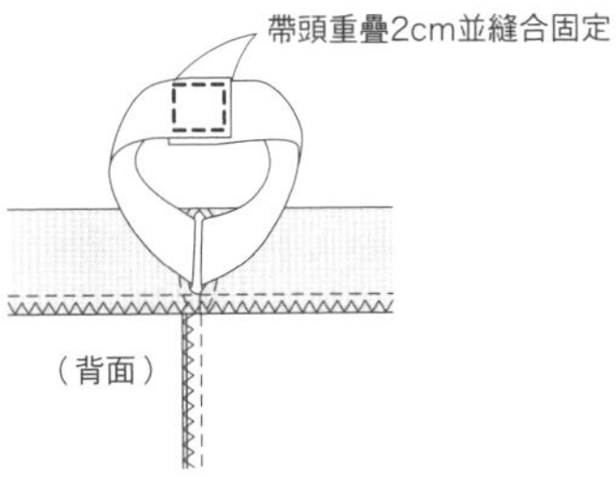

How to make

91

17. 運動服（上）

《原寸紙型》

E面 17-1前身片・17-2後身片・17-3袖子・17-4貼邊・17-5前下襬布・17-6後下襬布・17-7衣領・17-8袖口布

《完成尺寸》 由左至右為S／M／L／LL

胸圍　93.5/96.5/99.5/102.5cm
衣長　63.6/64.9/66.2/67.5cm
袖長　58/59/60/61cm

《材料》

・雙向針織布（青）　寬150cm×長130cm（各尺寸通用）
・雙向針織布（白）　寬15cm×長60cm（各尺寸通用）
・針織羅紋布　寬50cm×長60cm
・針織用黏著襯　50cm×10cm
・開口拉鍊　60.5/61/62/62.5cm
・針織布專用車針
・針織布專用車縫線

裁布圖

製作順序

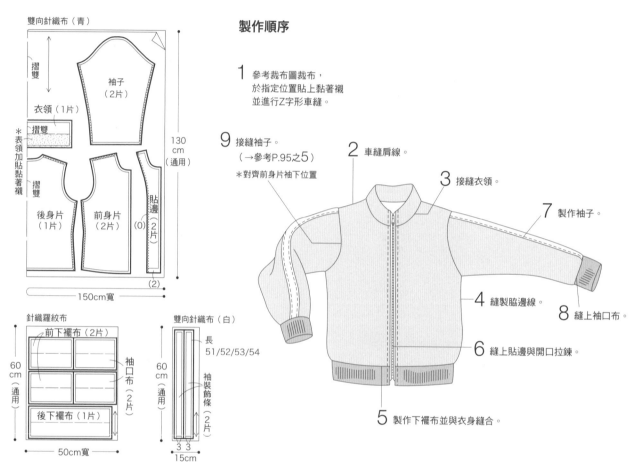

1 參考裁布圖裁布，於指定位置貼上黏著襯並進行Z字形車縫。

9 接縫袖子。（→參考P.95之5）
＊對齊前身片袖下位置

2 車縫肩線。

3 接縫衣領。

7 製作袖子。

4 縫製脇邊線。

8 縫上袖口布。

6 縫上貼邊與開口拉鍊。

5 製作下襬布並與衣身縫合。

＊（ ）內為縫份寬度。除指定處之外，縫份皆為1cm。
＊▨▨▨ 須黏貼黏著襯。
＊〜〜〜 處進行Z字形車縫。
＊圖中無特別指定的數字單位皆為cm。
＊使用小捲的羅紋布時，須改用寬16cm×長100cm（50cm×兩條）的布料。

2 車縫肩線。

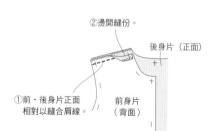

②燙開縫份。
後身片（正面）
①前・後身片正面相對以縫合肩線。
前身片（背面）

3 接縫衣領。

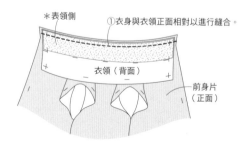

＊表領側
①衣身與衣領正面相對以進行縫合。
衣領（背面）
衣身（正面）
前身片（正面）

4 縫製脇邊線。

①前・後身片正面相對
以進行縫合。

後身片
（背面）

前身片
（背面）

②燙開縫份。

5 製作下襬布並與衣身縫合。

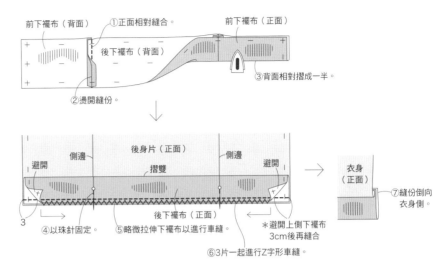

前下襬布（背面）

①正面相對縫合。

前下襬布（正面）

後下襬布（背面）

③背面相對摺成一半。

②燙開縫份。

後身片（正面）

避開　側邊　摺雙　側邊　避開

衣身
（正面）

⑦縫份倒向
衣身側。

後下襬布（正面）

3

④以珠針固定。　⑤略微拉伸下襬布以進行車縫。

＊避開上側下襬布
3cm後再縫合

⑥3片一起進行Z字形車縫。

6 縫上貼邊與開口拉鍊。

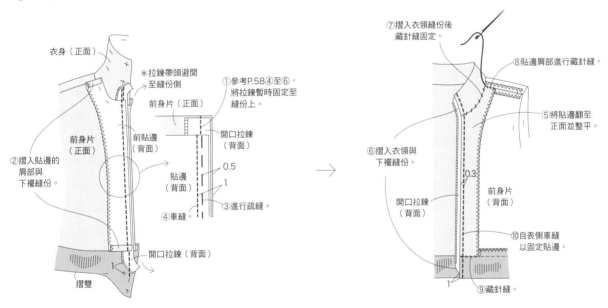

衣身（正面）

＊拉鍊帶頭避開
至縫份側

①參考P.58④至⑥，
將拉鍊暫時固定至
縫份上。

前身片（正面）

前貼邊
（背面）

開口拉鍊
（背面）

前身片
（正面）

②摺入貼邊的
肩部與
下襬縫份。

貼邊
（背面）

0.5

1

④車縫。　③進行疏縫。

開口拉鍊（背面）

1

摺雙

⑦摺入衣領縫份後
藏針縫固定。

⑧貼邊肩部進行藏針縫。

⑤將貼邊翻至
正面並整平。

⑥摺入衣領與
下襬縫份。

0.3

前身片
（背面）

開口拉鍊
（背面）

⑩自表側車縫
以固定貼邊。

1

⑨藏針縫。

7 製作袖子。

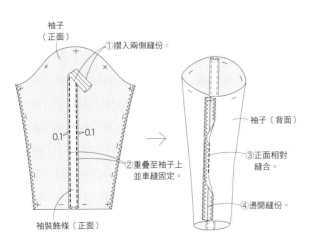

袖子
（正面）

①摺入兩側縫份。

0.1　0.1

②重疊至袖子上
並車縫固定。

袖子（背面）

③正面相對
縫合。

④燙開縫份。

袖裝飾條（正面）

8 縫上袖口布。

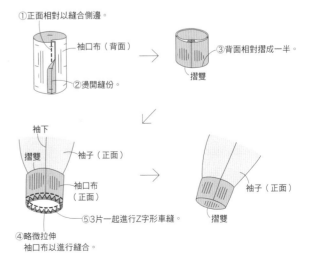

①正面相對以縫合側邊。

袖口布（背面）

③背面相對摺成一半。

②燙開縫份。

摺雙

袖下

摺雙

袖子（正面）

袖口布
（正面）

⑤3片一起進行Z字形車縫。

④略微拉伸
袖口布以進行縫合。

袖子（正面）

摺雙

19. 開襟外套

《原寸紙型》

E面 19-1前身片・19-2後身片・19-3袖子・19-4下襬布・19-5衣領

《完成尺寸》 由左至右為S／M／L／LL

胸圍　93.5/96.5/99.5/102.5cm
衣長　66/67/68/69cm
袖長　57/58/59/60cm

《材料》

・針織提花布（艾倫島花樣）　寬115cm×長200cm（各尺寸通用）
・直徑1.8cm鈕釦　5個
・針織布專用車針
・針織布專用車縫線

裁布圖

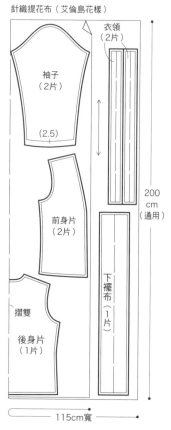

針織提花布（艾倫島花樣）

衣領（2片）

袖子（2片）

（2.5）

前身片（2片）

摺雙

後身片（1片）

下襬布（1片）

200cm（通用）

115cm寬

＊（　）內為縫份寬度。除指定處之外，縫份皆為1cm。
＊圖中無特別指定的數字單位皆為cm。

製作順序

1 參考裁布圖裁布。

4 製作衣領並與衣身縫合。

2 車縫肩線與脇邊線。

5 製作袖子並與衣身縫合。

3 接縫下襬布。

6 製作釦眼並縫上鈕釦（→參考P.15之12・P.65）。

2 車縫肩線與脇邊線。

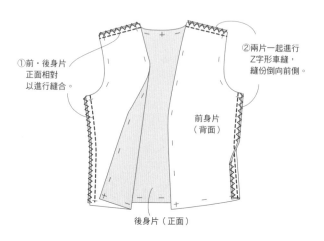

①前・後身片正面相對以進行縫合。

②兩片一起進行Z字形車縫，縫份倒向前側。

前身片（背面）

後身片（正面）

3 接縫下襬布。

下襬布（正面）

摺雙

①背面相對摺成一半。

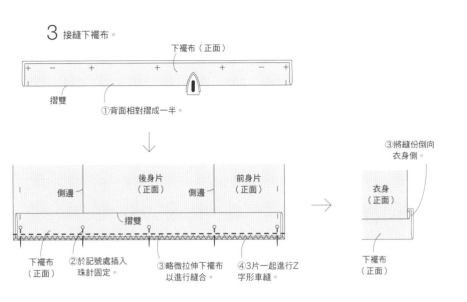

側邊　後身片（正面）　側邊　前身片（正面）

摺雙

下襬布（正面）

②於記號處插入珠針固定。

③略微拉伸下襬布以進行縫合。

④3片一起進行Z字形車縫。

③將縫份倒向衣身側。

衣身（正面）

下襬布（正面）

4 製作衣領並與衣身縫合。

衣領（背面）

①衣領正面相對以縫合後中心。

衣領（正面）　後中心

（背面）

②燙開縫份。

摺雙　　衣領（正面）

③背面相對摺成一半。

衣領（正面）

④對齊記號並以珠針固定。

⑤略微拉伸衣領以進行縫合。

衣領（正面）

摺雙

後身片（正面）

前身片（正面）

⑥3片一起進行Z字形車縫，縫份倒向衣身側。

衣領（正面）

前身片（背面）

⑦縫份上摺並以藏針縫固定。

1

5 製作袖子並與衣身縫合。

①正面相對以縫合袖下。

袖子（背面）

②兩片一起進行Z字形車縫，縫份倒向前側。

（背面）

④摺疊後車縫固定。

2

③袖口進行Z字形車縫。

※袖山記號間部分須略微拉伸袖子以進行縫合。

袖子（背面）

⑤衣身與袖子正面相對以進行縫合。

⑥兩片一起進行Z字形車縫，縫份倒向衣身側。

前身片（背面）

20. 羽織

《 完成尺寸 》

衣長　97.5cm
袖長　49cm
中線至袖口長　66cm
肩寬　28cm
袖寬　38cm

《 材料 》

・彈性纖維布料　寬110cm×長200cm

裁布圖

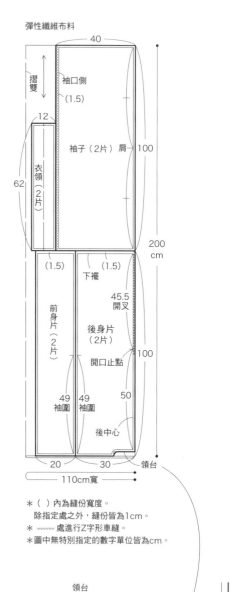

彈性纖維布料

40
摺雙
袖口側
(1.5)
12
衣領（2片）
袖子（2片）肩　100
62
200 cm
(1.5)　下襬　(1.5)
45.5 開叉
前身片（2片）
後身片（2片）
100
開口止點
49 袖圍　49 袖圍　50
後中心
20　30　領台
110cm寬

* （ ）內為縫份寬度。
　除指定處之外，縫份皆為1cm。
* ～～～ 處進行Z字形車縫。
* 圖中無特別指定的數字單位皆為cm。

領台
*含縫份尺寸

後中心
2
2　0.8　2
10

製作順序

1 參照裁布圖裁布，
　處理指定位置的縫份。

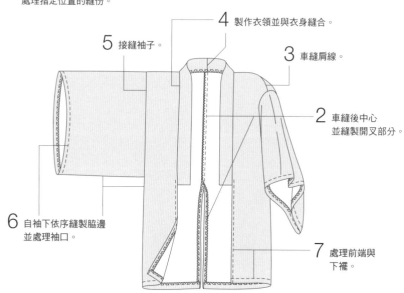

5 接縫袖子。
4 製作衣領並與衣身縫合。
3 車縫肩線。
2 車縫後中心
　並縫製開叉部分。
6 自袖下依序縫製脇邊
　並處理袖口。
7 處理前端與
　下襬。

2 車縫後中心並縫製開叉部分。

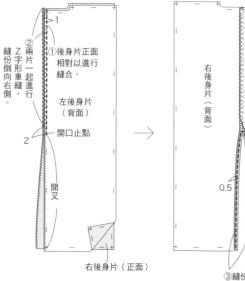

1
②兩片一起進行
Z字形車縫，
縫份倒向右側。
①後身片正面
相對以進行
縫合。
左後身片
（背面）
2
開口止點
開叉
右後身片（正面）

右後身片
（背面）
左後身片
（背面）
回針縫
0.5　開叉
③縫份摺疊後
車縫固定。

3 車縫肩線。

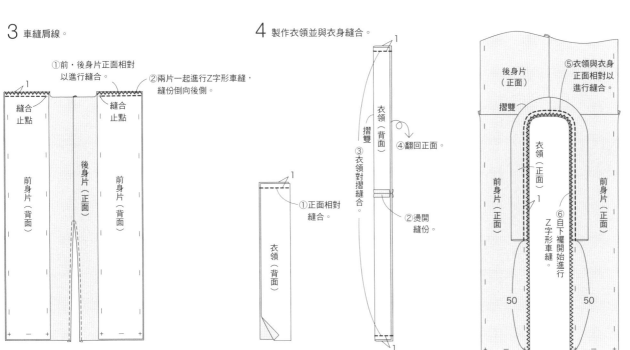

①前・後身片正面相對以進行縫合。

②兩片一起進行Z字形車縫，縫份倒向後側。

縫合止點

縫合止點

前身片（背面）

後身片（正面）

前身片（背面）

4 製作衣領並與衣身縫合。

⑤衣領與衣身正面相對以進行縫合。

後身片（正面）

摺雙

衣領（正面）

前身片（正面）

前身片（正面）

⑥自下襬開始進行Z字形車縫。

50   50

衣領（背面）

摺雙

③衣領對摺縫合。

④翻回正面。

①正面相對縫合。

②燙開縫份。

衣領（背面）

5 接縫袖子。

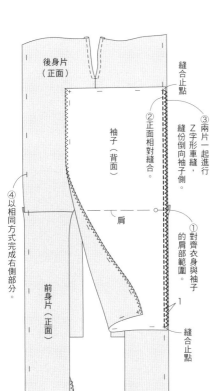

後身片（正面）

縫合止點

②正面相對縫合。

③兩片一起進行Z字形車縫，縫份倒向袖子側。

袖子（背面）

①對齊衣身與袖子的肩部範圍。

④以相同方式完成右側部分。

肩

前身片（正面）

縫合止點

6 自袖下依序縫製脇邊並處理袖口布。

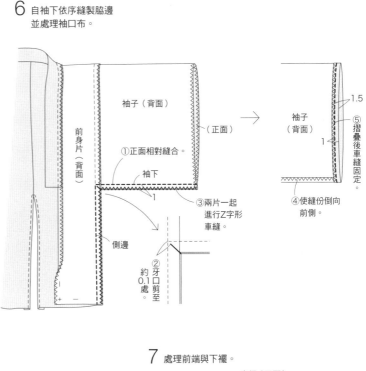

前身片（背面）

袖子（背面）

（正面）

①正面相對縫合。

袖下

③兩片一起進行Z字形車縫。

側邊

②牙口剪至約0.1處。

袖子（背面）

1.5

⑤摺疊後車縫固定。

1

④使縫份倒向前側。

7 處理前端與下襬。

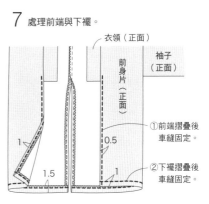

衣領（正面）

袖子（正面）

前身片（正面）

①前端摺疊後車縫固定。

1

0.5

1.5

1

②下襬摺疊後車縫固定。

How to make

21. 乘馬袴

《 完成尺寸 》

褲長　94cm

《 材料 》

・彈性纖維布料　寬110cm×長300cm
・厚黏著襯　40cm×30cm

裁布圖

彈性纖維布料

摺雙

前繩（2片）
後繩（2片）

腰板（2片）

股下側幅（2片）

5　9
1.5
10
5
25
30
5

75　100　100

下襬側
20　10　10

後袴（2片）　100

300 cm

50

前袴（2片）　100

50

←110cm寬→

＊尺寸含縫份寬。
＊ 　 須黏貼厚黏著襯。
＊ 〰〰 處進行Z字形車縫。
＊圖中無特別指定的數字單位皆為cm。

製作順序

1 參考裁布圖裁布，於指定位置貼上黏著襯。前後袴與側褲身須先處理下襬縫份，再向內摺疊並車縫固定。

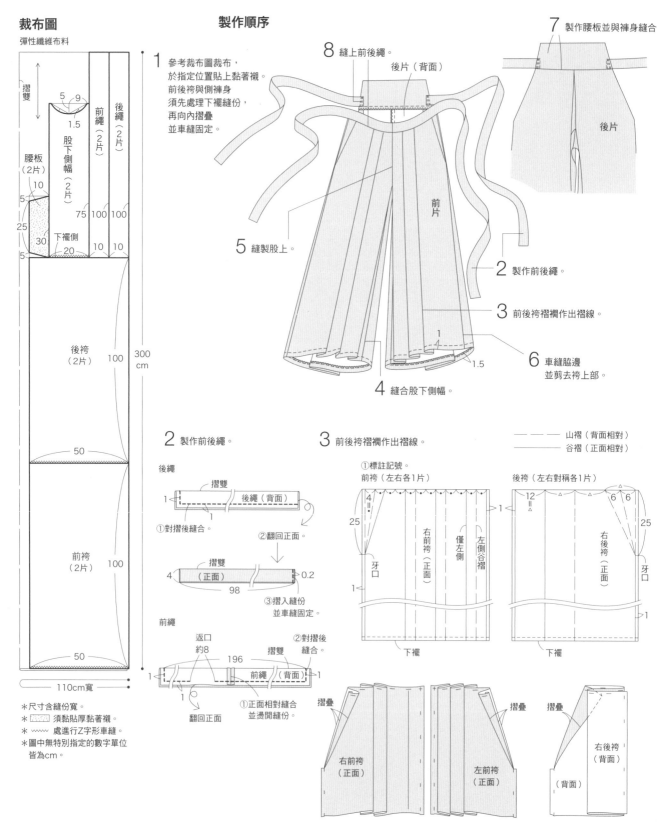

7 製作腰板並與褲身縫合

後片

8 縫上前後繩。

後片（背面）

前片

5 縫製股上。

2 製作前後繩。

3 前後袴褶襉作出褶線。

6 車縫脇邊並剪去袴上部。

1　1.5

4 縫合股下側幅。

2 製作前後繩。

後繩

摺雙
1
後繩（背面）

①對摺後縫合。

②翻回正面。

摺雙（正面）
4
98
0.2

③摺入縫份並車縫固定。

前繩

返口約8
196
摺雙
②對摺後縫合。
前繩（背面）
1　1
①正面相對縫合並燙開縫份。
翻回正面

3 前後袴褶襉作出褶線。

――― 山褶（背面相對）
——— 谷褶（正面相對）

①標註記號。

前袴（左右各1片）

4
25
牙口
右前袴（正面）
僅左側
左側谷褶
左側
1

後袴（左右對稱各1片）

12
6　6
右後袴（正面）
牙口
25
1

下襬　　下襬

摺疊
右前袴（正面）

摺疊
左前袴（正面）

摺疊
右後袴（背面）
（背面）

＊左後袴同樣也須以熨斗作出褶線

4 縫合股下側幅。

＊以相同方式完成左側

右前袴（正面）　股下側幅（背面）　1
①正面相對縫合。
②兩片一起進行Z字形車縫。

→

右前袴（正面）　股下側幅（正面）　右後袴（正面）
③倒向側幅側。

＊以相同方式縫合右後袴與股下側幅

5 縫製股上。

①正面相對縫合。
②兩片一起進行Z字形車縫，縫份倒向右側。
右前袴（正面）
左前袴（背面）　1　左後袴（背面）
股下側幅（背面）　4
右後袴（正面）

6 車縫脇邊並剪去袴上部。

後袴（正面）
縫合止點
①正面相對縫合。
前袴（背面）
②兩片一起進行Z字形車縫，縫份倒向後側。
股下側幅（背面）

③以縫線連結☆與★記號後再剪去上方部分。
☆（褶線角）　右前袴（正面）　左前袴（正面）　★（褶線角）

④以縫線連結♥與♡記號後再剪去上方部分。
♡（褶線角）　右後袴（背面）　左後袴（背面）　♥（褶線角）

↓

右後袴（背面）　0.5　⑤摺疊褶襴並暫作固定。

＊以相同方式暫時固定前袴褶襴

7 製作腰板並與褲身縫合。

正面相對縫合。
25
腰板（背面）
①於腰板上標出後袴腰幅（○）處的間距。
③翻回正面。
後袴（背面）　1
前袴（背面）

④正面相對縫合。
⑤5片一起進行Z字形車縫。
腰板（正面）
後袴（正面）

8 縫上前後繩。

①將後繩縫至腰板上。
後繩
後繩（正面）
腰板（正面）
前繩（正面）
②進行Z字形車縫。
前袴（正面）
③疊於表側並進行縫合。
前繩（正面）
0.5
前片（正面）

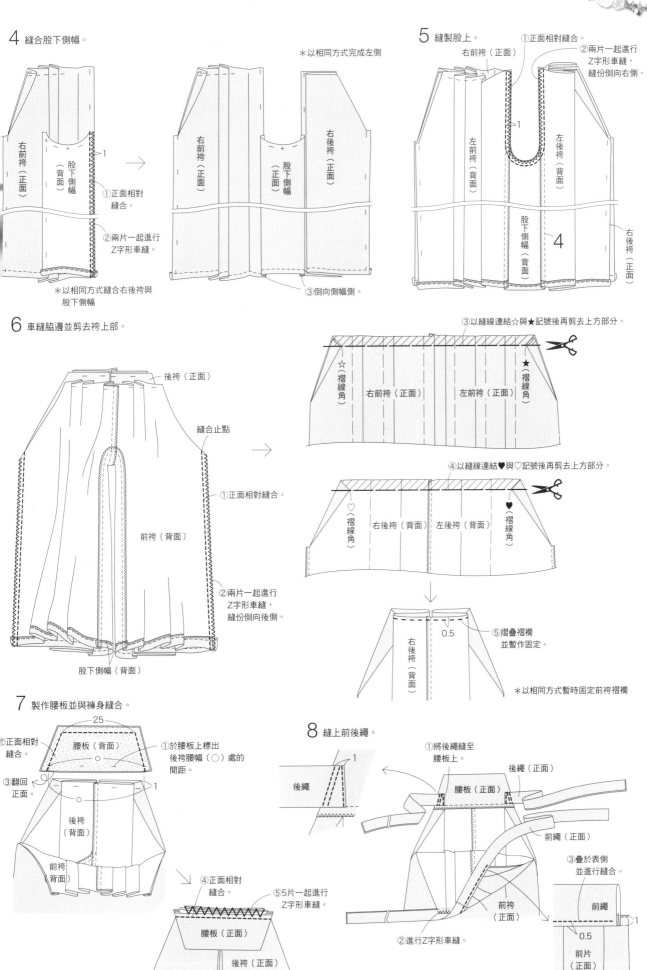

How to make

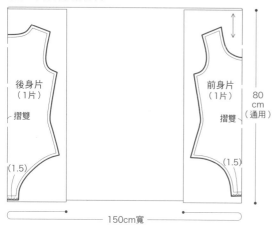

《 原寸紙型 》

C面 10-1前身片・10-2後身片

《 材料 》

・緊身衣布料（雙向彈性布）　寬150cm×長80cm（各尺寸通用）
・直徑0.8cm 暗釦　2組
・針織布專用車針
・針織布專用車縫線

《 完成尺寸 》 由左至右為S／M／L／LL

胸圍　73/76/79/82cm
腰圍　61.5/64.5/67.5/70.5cm
臀圍　75.6/79.2/82.6/86.2cm
衣長　63.5/65/66.5/68cm

裁布圖

緊身衣布料（雙向彈性布）

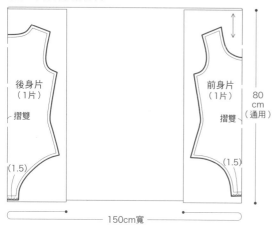

後身片
（1片）

摺雙

前身片
（1片）

摺雙

80
cm
（通用）

(1.5)

(1.5)

150cm寬

＊（　）內為縫份寬度。除指定處之外，縫份皆為1cm。
＊ wwww 處進行Z字形車縫。
＊圖中無特別指定的數字單位皆為cm。

製作順序

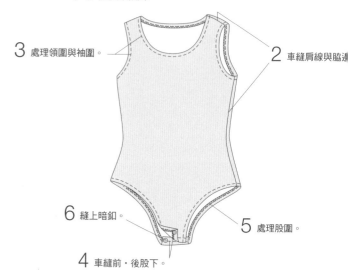

1 參考裁布圖裁布。

3 處理領圍與袖圍。

2 車縫肩線與脇邊

6 縫上暗釦。

5 處理股圍。

4 車縫前・後股下。

---

2 車縫肩線與脇邊線。

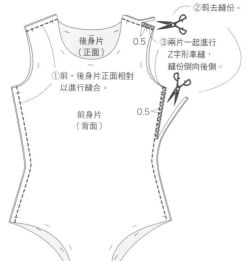

②剪去縫份。

後身片
（正面）

0.5

③兩片一起進行
Z字形車縫，
縫份倒向後側。

①前・後身片正面相對
以進行縫合。

前身片
（背面）

0.5

---

3 處理領圍與袖圍。

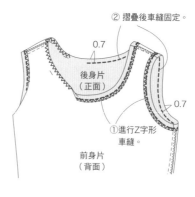

②摺疊後車縫固定。

0.7

後身片
（正面）

0.7

①進行Z字形
車縫。

前身片
（背面）

---

4 車縫前・後股下。

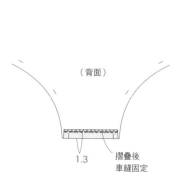

（背面）

1.3

摺疊後
車縫固定

---

5 處理股圍。

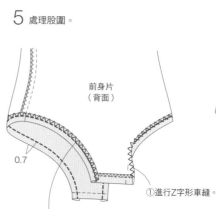

前身片
（背面）

0.7

①進行Z字形車縫。

②摺疊後車縫固定。

---

6 縫上暗釦。

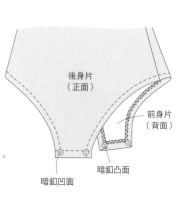

後身片
（正面）

前身片
（背面）

暗釦凸面

暗釦凹面

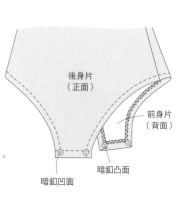

《 原寸紙型 》

膝上襪　F面 24-1襪
領帶　F面 26-1主體・26-2領結

《 完成尺寸 》 由左至右為S／M／L／LL

膝上襪　長65.5／66／66.5／67cm（上端至趾尖）
領帶　長約45cm

《 材料 》

膝上襪
・緊身衣布料（雙向彈性布）　寬150cm×長80cm（各尺寸通用）
・針織布專用車針　・針織布專用車縫線
領帶
・禮服沙典　寬150cm×長45cm
・黏著襯　45cm×45cm
・1cm寬　鬆緊帶　3.5cm・25cm各1條
・1cm寬　鬆緊帶用（調節環）8字環・Z字環　各1個

膝上襪

裁布圖

緊身衣布料（雙向彈性布）

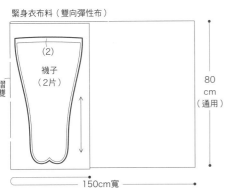

摺雙

(2)
襪子
（2片）

80cm（通用）

150cm寬

＊（　）內為縫份寬度。除指定處之外，縫份皆為1cm。
＊圖中無特別指定的數字單位皆為cm。

製作順序

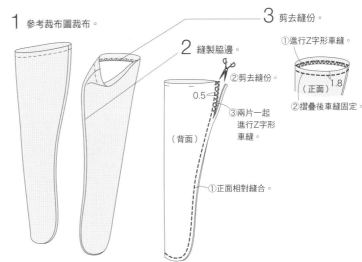

1 參考裁布圖裁布。

3 剪去縫份。
①進行Z字形車縫。
②摺疊後車縫固定。
（正面）1.8

2 縫製脇邊。
②剪去縫份。
0.5
③兩片一起進行Z字形車縫。
（背面）
①正面相對縫合。

領帶

裁布圖

禮服沙典

領結（1片）　＊表側加貼黏著襯

表主體（1片）
裡主體（1片）

4.5
18
頸繩用斜紋布（1片）
(0)

45cm

150cm寬

＊（　）內為縫份寬度。除指定處之外，縫份皆為1cm。
＊▨須黏貼黏著襯。
＊圖中無特別指定的數字單位皆為cm。

製作順序

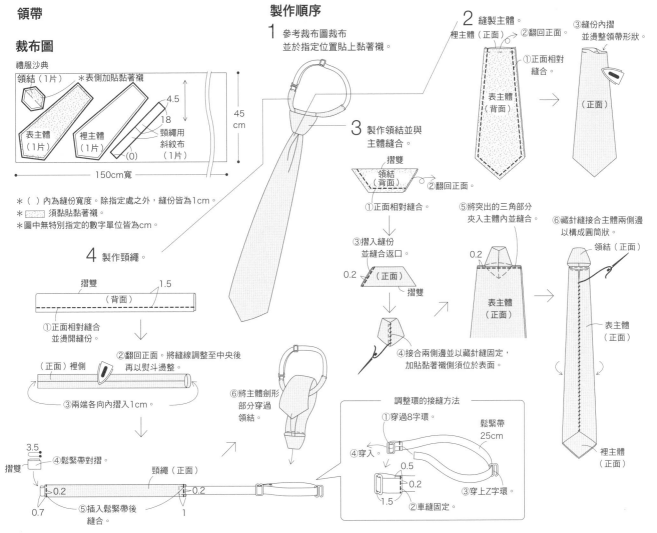

1 參考裁布圖裁布並於指定位置貼上黏著襯。

2 縫製主體。
裡主體（正面）
②翻回正面。
①正面相對縫合。
表主體（背面）
③縫份內摺並燙整領帶形狀。
（正面）

3 製作領結並與主體縫合。
摺雙
領結（背面）
②翻回正面。
①正面相對縫合。
③摺入縫份並縫合返口。
0.2（正面）摺雙
⑤將突出的三角部分夾入主體內並縫合。
0.2
表主體（正面）
④接合兩側邊並以藏針縫固定，加貼黏著襯側須位於表面。
⑥藏針縫接合主體兩側邊以構成圓筒狀。
領結（正面）
表主體（正面）
裡主體（正面）

4 製作頸繩。
摺雙　1.5
（背面）
①正面相對縫合並燙開縫份。
（正面）裡側
②翻回正面。將縫線調整至中央後再以熨斗燙整。
③兩端各向內摺入1cm。
3.5
摺雙
④鬆緊帶對摺。
0.2　0.2
頸繩（正面）
0.7　1
⑤插入鬆緊帶後縫合。

⑥將主體劍形部分穿過領結。

調整環的接縫方法
①穿過8字環。
④穿入
0.5
0.2
鬆緊帶25cm
③穿上Z字環。
②車縫固定。
1.5

30. 貓耳圍巾帽

《原寸紙型》

F面 27-1 帽身・27-2帽中心・27-3口袋・27-7貓耳

《材料》

・亞克力長毛布　寬70cm×長140cm
・二重紗（碎花）　寬106cm×長110cm

《完成尺寸》

頭部至圍巾尖端　99.5cm

裁布圖

亞克力長毛布

耳（2片）

耳（2片）

表帽身（2片）

摺雙

表帽中心（一片）

絨毛流向

140cm

70cm寬

二重紗

裡帽身（2片）

口袋（2片）

（2）

摺雙

裡帽中心（一片）

110cm

106cm寬

＊（ ）內為縫份寬度。
　除指定之處外，縫份皆為1cm。
＊圖中無特別指定的數字單位
　皆為cm。

製作順序

1 參考裁布圖裁布。

3 製作表・裡帽。

4 表・裡帽正面相對以進行縫合。

前　　　　後

5 製作貓耳並與帽身縫合。

2 製作口袋並縫至裡帽身上。

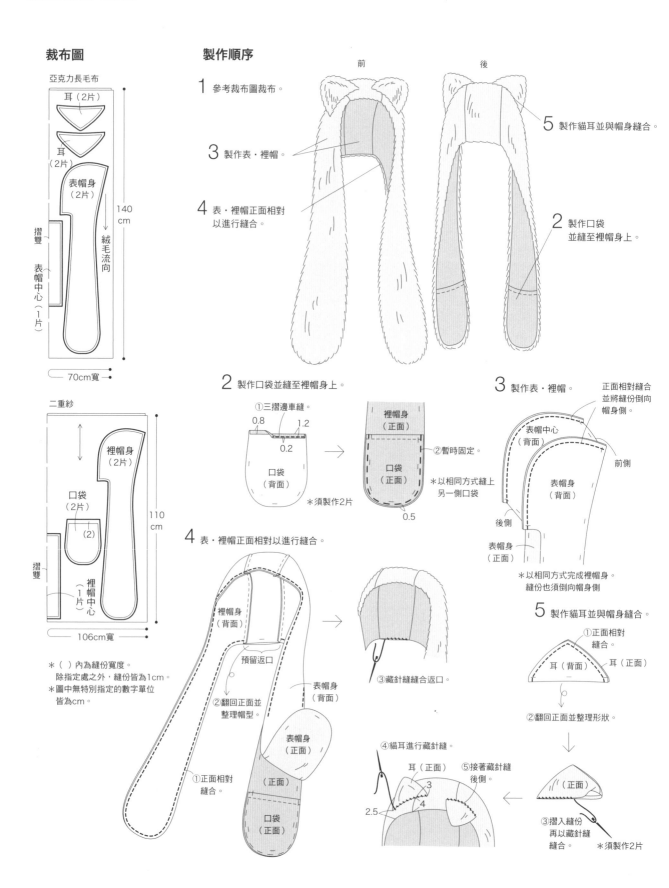

2 製作口袋並縫至裡帽身上。

①三摺邊車縫。

0.8　　1.2

0.2

口袋（背面）

＊須製作2片

裡帽身（正面）

口袋（正面）

②暫時固定。

＊以相同方式縫上另一側口袋

0.5

3 製作表・裡帽。

正面相對縫合並將縫份倒向帽身側

表帽中心（背面）

前側

表帽身（背面）

後側

表帽身（正面）

＊以相同方式完成裡帽身。
縫份也須倒向帽身側

4 表・裡帽正面相對以進行縫合。

裡帽身（背面）

預留返口

②翻回正面並整理帽型。

表帽身（背面）

表帽身（正面）

①正面相對縫合。

口袋（正面）

③藏針縫縫合返口。

5 製作貓耳並與帽身縫合。

①正面相對縫合。

耳（背面）　耳（正面）

②翻回正面並整理形狀。

耳（正面）

③摺入縫份再以藏針縫縫合。

＊須製作2片

④貓耳進行藏針縫。

⑤接著藏針縫後側。

耳（正面）

2.5　　3　　4

31. 熊貓耳圍巾帽　32. 兔耳圍巾帽

《 原寸紙型 》

熊貓　F面 28-1帽身・28-2帽中心・28-3口袋・28-4熊貓耳
兔　　F面 29-1帽身・29-2帽中心・29-3口袋・29-4兔耳

《 完成尺寸 》

頭部至圍巾尖端　99.5cm（兩者共通）

《 材料 》

熊貓
・毛圈布（米白）　寬92cm×長80cm
・毛圈布（黑）　寬92cm×長40cm
・二重紗（圓點）　寬106cm×長110cm
兔
・珊瑚絨布（亮粉紅）　110×110cm
・二重紗（棕）　寬115cm×長110cm
・定型條　60cm

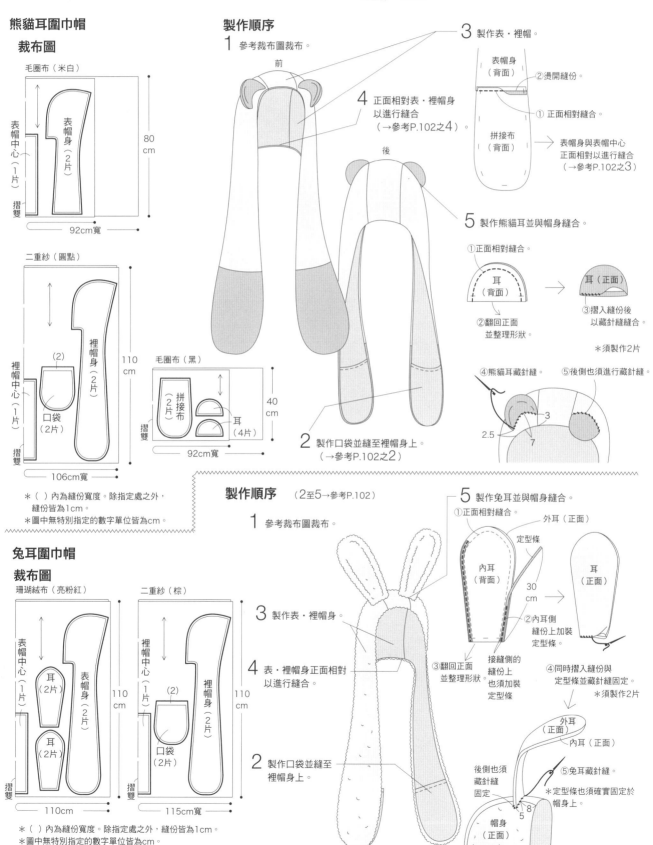

熊貓耳圍巾帽

裁布圖

毛圈布（米白）

表帽中心（1片）
表帽身（2片）
摺雙
80cm
92cm寬

二重紗（圓點）

裡帽中心（1片）
裡帽身（2片）
口袋（2片）
(2)
摺雙
110cm
106cm寬

毛圈布（黑）

拼接布（2片）
耳（4片）
摺雙
40cm
92cm寬

＊（ ）內為縫份寬度。除指定處之外，
　縫份皆為1cm。
＊圖中無特別指定的數字單位皆為cm。

製作順序

1　參考裁布圖裁布。

前

後

2　製作口袋並縫至裡帽身上。
（→參考P.102之2）

3　製作表・裡帽。

表帽身（背面）
②燙開縫份。
拼接布（背面）
①正面相對縫合。
→ 表帽身與表帽中心
　正面相對以進行縫合
　（→參考P.102之3）

4　正面相對表・裡帽身
以進行縫合
（→參考P.102之4）。

5　製作熊貓耳並與帽身縫合。

①正面相對縫合。
耳（背面）
②翻回正面
並整理形狀。
耳（正面）
③摺入縫份後
以藏針縫縫合。

＊須製作2片

④熊貓耳藏針縫。
⑤後側也須進行藏針縫。
3
2.5
7

兔耳圍巾帽

裁布圖

珊瑚絨布（亮粉紅）

表帽中心（1片）
耳（2片）
表帽身（2片）
耳（2片）
摺雙
110cm
110cm

二重紗（棕）

裡帽中心（1片）
裡帽身（2片）
口袋（2片）
(2)
摺雙
110cm
115cm寬

＊（ ）內為縫份寬度。除指定處之外，縫份皆為1cm。
＊圖中無特別指定的數字單位皆為cm。

製作順序　（2至5→參考P.102）

1　參考裁布圖裁布。

2　製作口袋並縫至
裡帽身上。

3　製作表・裡帽身。

4　表・裡帽身正面相對
以進行縫合。

5　製作兔耳並與帽身縫合。

①正面相對縫合。
外耳（正面）
內耳（背面）
定型條
③翻回正面
並整理形狀。
接縫側的
縫份上
也須加裝
定型條
②內耳側
縫份上加裝
定型條
30cm
耳（正面）

④同時摺入縫份與
定型條並藏針縫固定。
＊須製作2片

後側也須
藏針縫
固定
外耳（正面）
內耳（正面）
⑤兔耳藏針縫。
＊定型條也須確實固定於
帽身上。
帽身（正面）
8
5

P.40 28. 軍帽

《原寸紙型》

F面 25-1 帽冠 ・25-2 側帽冠 ・25-3 帽腰布 ・25-4 帽緣

《完成尺寸》

帽冠　25 × 25.3cm （不含尼龍繩）
高　約10cm
頭圍　59cm

《材料》

・化纖斜紋布（灰卡其）　寬150cm×長40cm
・化纖斜紋布（黑）　寬150cm×長30cm
・銅氨嫘縈纖維　寬92cm×長40cm　・合成皮革　45cm×45cm
・P.P板　70cm×20cm　・黏著襯　70cm×20cm
・1.2cm寬兩摺滾邊條（黑）　35cm
・直徑0.3cm尼龍繩　90cm
・直徑0.6cm金色尼龍繩　60cm　・直徑0.4cm金色尼龍繩　30cm
・直徑1.7cm牛仔褲用釘腳牛仔釦　2個

裁布圖

製作順序

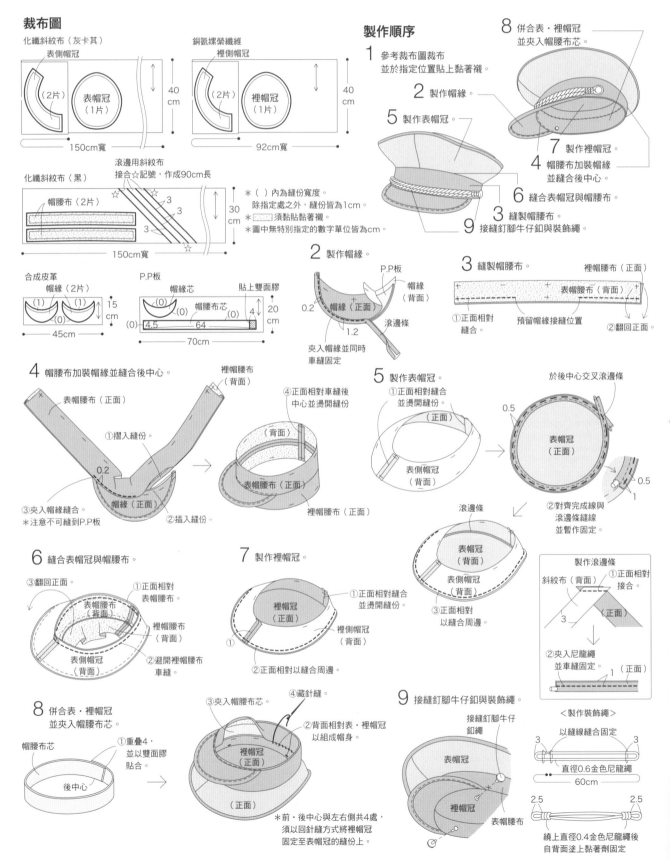

104

P.38

24. 女僕圍裙　25. 女僕髮箍

《 原寸紙型 》

圍裙
■面 22-1 圍裙・22-2 綁帶・22-3 腰布

《 完成尺寸 》　由左至右為S／M／L／LL

圍裙　前長　29.5/30.5/31.5/32.5cm（含腰布）

《 材料 》

圍裙
・彈性纖維布料　寬150cm×長120cm（各尺寸通用）
・6cm寬棉蕾絲（H801-560）　249/258/267/276cm
・黏著襯　60cm×20cm

髮箍
・彈性纖維布料　35cm×6cm　・6cm寬蕾絲（H801-560）　45cm
・2cm寬羅紋帶　適量　・1cm寬緞帶 65cm×兩條
・1cm寬髮箍　1個

圍裙

裁布圖

彈性纖維布料

* 綁帶（2片）
* 腰布（1片）
* 圍裙（1片）

120cm（通用）

150cm寬

＊縫份1cm。
＊▨▨▨須貼貼黏著襯。
＊圖中無特別指定的數字單位皆為cm。

製作順序

1 參考裁布圖裁布。

4 腰布接縫圍裙與綁帶。

3 製作綁帶。

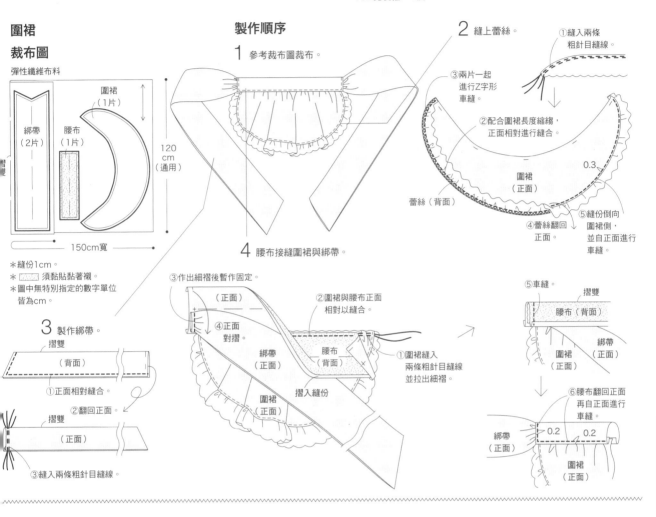

髮箍

裁布圖

彈性纖維布料

* ← 35cm →
* 底座（1片）　6cm

棉蕾絲

* ← 43.5cm →
* 荷葉花邊（1片）　6cm

＊（ ）內為縫份寬度。除指定處之外，縫份皆為1cm。
＊圖中無特別指定的數字單位皆為cm。

製作順序

1 參考裁布圖裁布。

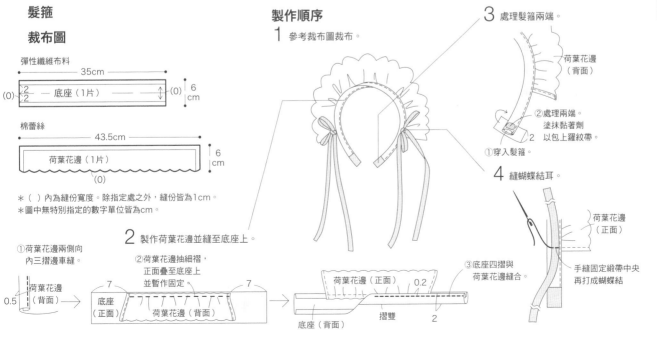

How to make

國家圖書館出版品預行編目 (CIP) 資料

Coser 必看的 Cosplay 手作服 × 道具製作術
2：華麗進階款 / 日本 Vogue 社著；劉好殊譯 . --
初版 . – 新北市：雅書堂文化 , 2014.08
面； 公分 . -- (Sewing 縫紉家；12)
ISBN 978-986-302-191-9 (平裝)
1. 縫紉 2. 衣飾 3. 手工藝

426.3   103011957

Sewing 縫紉家 12

Coser 必看の Cosplay 手作服×道具製作術 2
華麗進階款

作　　　者／日本 Vogue 社
譯　　　者／劉好殊
發 行 人／詹慶和
總 編 輯／蔡麗玲
執行編輯／劉蕙寧
編　　　輯／蔡毓玲・黃璟安・陳姿伶・白宜平・李佳穎
封面設計／周盈汝
美術編輯／陳麗娜・李盈儀
內頁排版／造極
出 版 者／雅書堂文化事業有限公司
發 行 者／雅書堂文化事業有限公司
郵撥帳號／ 18225950 戶名：雅書堂文化事業有限公司
地　　　址／新北市板橋區板新路 206 號 3 樓
電　　　話／ (02)8952-4078
傳　　　真／ (02)8952-4084
網　　　址／ www.elegantbooks.com.tw
電子郵件／ elegant.books@msa.hinet.net

2014 年 08 月初版一刷　定價 550 元

KIREINI TSUKURERU COS ISHO（NV80337）
Copyright © NIHON VOGUE-SHA 2013
All rights reserved.
Photographer: Noriaki Moriya, Yuki Morimura, Yukari Shirai, Kana Watanabe
Designers of the projects: Iyo Okamoto, Osakanamanbou, cosmode, Motoyuki
Takahashi, yoinohoshi, loui koubou
Illustration: Yua
Original Japanese edition published in Japan by Nihon Vogue Co., Ltd.
Traditional Chinese translation rights arranged with Nihon Vogue Co., Ltd.
through Keio Cultural Enterprise Co., Ltd.
Traditional Chinese edition copyright © 2014 by Elegant Books Cultural
Enterprise Co., Ltd.

總經銷／朝日文化事業有限公司
進退貨地址／新北市中和區橋安街 15 巷 1 號 7 樓
電話／（02）2249-7714　傳真／（02）2249-8715

• 攝影／森谷則秋・森村友紀・白井由香里・渡辺華
• 版面設計／アトム★スタジオ・宮坂恵美・小松真
• 作法解說・繪圖／しかのるーむ
• 紙型放版／株式會社クレイワークス
• 封面・目錄・插畫／ゆあ
• 模特兒／

紅（158cm）...Boys・Japanese clothing・Acce
ひな（158cm）...Girls・Accessories

• 編輯／加藤みゆ紀

• 岡本伊代
• おさかなまんぼう　http://www.osakanamanb
• cosmode 東京都荒川区東日暮里 6-58-2 大谷ビル
　TEL:03-3801-1200　http://www.cosmode.jp/
• 髙橋元幸
• 宵の星　http://yoinohoshi.forzandojp.com/
• 留衣工房　http://louis.shop-pro.jp/

• MyHouse

Cosplay

Cosplay

Cosplay

Cosplay